강미선쌤의 개념 잡는

분수 비법

개념편

강미선 지음

하우매쓰

강미선쌤의 개념 잡는 분수 비법-개념편

개정판 1쇄 발행 2019년 7월 20일
개정판 3쇄 발행 2023년 5월 12일

지은이 강미선
발행인 강미선
발행처 하우매쓰 앤 컴퍼니
편집 이상희 | **디자인** 나모에디트 | **일러스트** 이민진
등록 2017년 3월 16일(제2017-000034호)
주소 서울시 영등포구 문래북로 116 트리플렉스 B211호
대표전화 (02)2677-0712 | **팩스** 050-4133-7255
홈페이지 https://m.cafe.naver.com/howmaths | **전자우편** upmmt@naver.com

ISBN 979-11-967467-3-5(63410)

■ 이 책은 스콜라스(주)에서 나온 〈분수비법-개념편〉의 개정판입니다.

차례

분수 비법 시리즈의 특징

1. 수학적 원리를 바탕으로 일관성 있게 전개됩니다.

「분수 비법 시리즈」에 담긴 개념 설명과 분수 사칙계산 방법은, 전체와 부분의 관계를 숫자로 나타낸 것이 바로 분수라는 개념을 바탕으로 일관성 있게 전개됩니다. 연속량에서의 분수 개념을 연결하여 이산량에서의 분수를 쉽게 익힐 수 있고, 통분에 대해 예습하지 않아도 자연스럽게 이분모 덧셈 뺄셈을 할 수 있게 됩니다. 따라서, 「분수 비법 시리즈」로 공부하면 분수 개념에 대한 이해는 물론, 분수 연산 문제도 쉽게 잘 해결할 수 있습니다.

2. 시각적인 설명으로 수학적 이해를 높입니다.

「분수 비법 시리즈」는 시각적인 도구들을 사용해서 설명합니다. 글로 된 설명이 너무 길거나 복잡하면 일단 '어렵겠다', '재미없겠다'는 생각부터 들지만, 그림으로 설명하면 '쉽겠는데?', '재밌겠다'는 생각이 듭니다. 그림을 보면서 직관적으로 문제 해결을 할 수 있고, 머릿속에 그 과정을 사진을 찍듯이 기억하기도 쉽습니다. 도형이 분수 개념이나 연산과는 별개일 것이라는 편견도 사라지게 됩니다. 따라서 「분수 비법 시리즈」로 공부하면 분수에 대한 이해는 물론 흥미와 문제 해결력을 높일 수 있습니다.

3. 정사각형을 사용해서 개념도 설명하고 문제도 해결합니다.

「분수 비법 시리즈」에서는 고정된 크기의 정사각형 그림이 등장합니다. 학생들이 분수를 어려워하는 이유는, 분수가 전체에 대한 '상대적'인 크기를 나타내기 때문입니다. 분수를 처음 배울 때 기준 도형의 크기가 일정하지 않으면 매우 혼란스럽습니다. 처음 분수를 배우는 학생들이 겪는 이런 어려움을 완화시켜

주려면, '1'을 나타내는 도형을 고정하여 제시하는 것이 좋습니다. 따라서 「분수 비법 시리즈」로 공부하면 혼란스럽지 않게 분수 개념을 잘 받아들일 수 있습니다.

4. 영역을 넘나들며 개념을 서로 연결합니다.

「분수 비법 시리즈」는 수학적으로 서로 연결된 내용을 쉽고 자연스럽게 익히도록 합니다. 자연수 덧셈과 뺄셈에서와 같은 방식으로 설명하기 때문에 그 수가 자연수이든 분수이든 간에 단위가 같다면 덧셈과 뺄셈을 할 수 있다는 것을 쉽게 이해할 수 있습니다. 또한, 자연수 곱셈과 나눗셈을 할 때 사용한 직사각형 그림을 분수 곱셈에서도 사용하기 때문에 분수 곱셈과 나눗셈이 낯설지 않습니다. 따라서 「분수 비법 시리즈」로 공부하면 수학의 여러 영역이 사실은 서로 연결되어 있다는 것을 자연스럽게 깨달을 수 있습니다.

5. 여러 학년 내용을 단기간에 학습할 수 있습니다.

「분수 비법 시리즈」의 한 권 안에는 학교 수학에서 몇 개의 학기, 몇 개의 학년에 걸쳐 배우는 내용들이 모두 들어 있습니다. 『분수 비법-개념편』에는 '연속량'에 대한 분수 개념에서 시작해서 '이산량'에 대한 분수 개념까지가 들어 있고, '자연수의 분수만큼'에 대해 알아보는 내용과 '부분은 전체의 얼마인지'에 대해 알아보는 내용도 연결시켜 다룹니다. 『분수 비법-연산편 : 덧셈과 뺄셈』, 『분수 비법-연산편 : 곱셈과 나눗셈』에는 분모가 같은 분수의 덧셈과 뺄셈에서 분모가 다른 덧셈과 뺄셈, 그리고 분수 곱셈과 나눗셈까지가 짜임새 있게 담겨 있습니다. 따라서 「분수 비법 시리즈」를 교재로 사용하면 짧은 시간에 몰입하여 분수 개념과 연산에 대해 수월하게 터득할 수 있습니다.

분수의 개념

● 분수의 개념 ●

자연수가 사물의 개수를 세어 1, 2, 3, …으로 나타낸 것이라면, 분수는 1, 2, 3, …을 사용해서 전체에 대한 부분의 크기를 나타낸 것입니다. 전체와 부분의 관계를 한꺼번에 나타내야 하기 때문에 분수는 두 개의 수를 사용해서, $\frac{\text{분자}}{\text{분모}}$의 모양을 합니다.

전체를 부분으로 나눌 때에는 똑같은 크기로 나누어야 하기 때문에 분수는 나눗셈과도 연결되고, $\frac{\text{나누어지는 수}}{\text{나누는 수}}$의 모양을 하게 됩니다.

또한, 분수는 비교하는 대상이 기준에 대해서 몇분의 몇인지를 나타내기도 합니다. 이럴 때에는 $\frac{\text{비교}}{\text{기준}}$의 모양을 하게 됩니다.

분수는 이와 같이 여러 가지 개념을 나타냅니다. 하지만 두 개의 수를 사용해서 나타낸다는 사실은 변하지 않아요.

분수에서 가로선 아래를 '분모', 가로선 위를 '분자'라고 부릅니다.

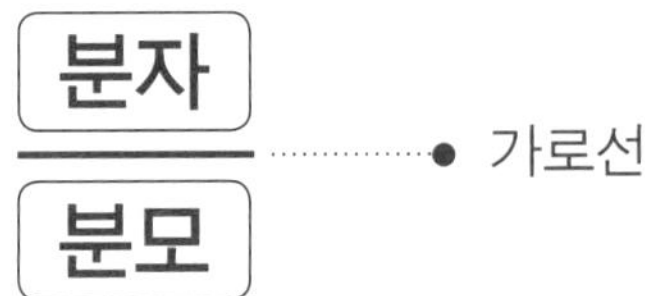

분자가 분모보다 작으면 그 분수의 크기는 1보다 작습니다.(진분수)

하지만 부분이 모여 전체보다 많아지거나 나누어지는 수가 나누는 수와 같거나 더 큰 경우도 있습니다. 이럴 때에는 분자가 분모보다 커지고 그 분수의 크기는 1보다 크거나 같게 됩니다.(가분수, 대분수)

● 연속량과 이산량 ●

식빵 1개를 나누어 분수로 나타내는 것은 어렵지 않지만, '18의 $\frac{1}{3}$은 얼마입니까?'는 어렵습니다. 그래서 「분수 비법 시리즈」에서는 연속량은 물론 이산량도 쉽게 이해할 수 있도록, '전체'를 항상 '정사각형'으로 나타내었습니다.

(1) 연속량

피자 한 판, 사과 한 개, 식빵 한 개와 같이, 1개가 전체인 경우입니다.

식빵 1개를 3등분한 것 중의 하나는 전체의 $\frac{1}{3}$ 입니다.

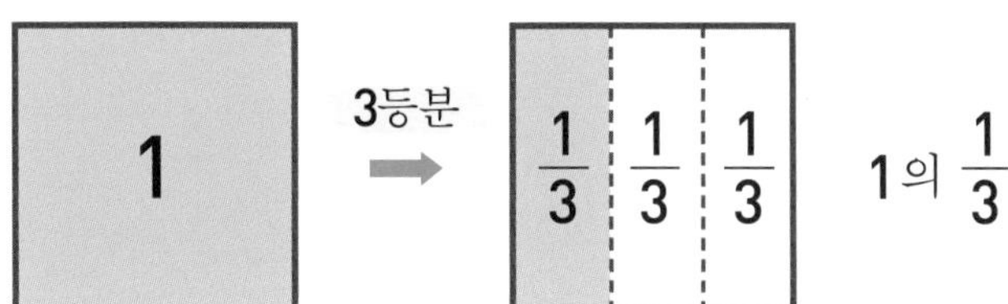

(2) 이산량

구슬 6개, 과일 12개, 빵 20개와 같이, 여러 개가 전체인 경우입니다.
구슬 18개를 똑같이 3봉지에 나누어 담으면, 한 봉지에 구슬 6개가 들어가요.

한 봉지 속 6개의 구슬은 전체의 $\frac{1}{3}$ 입니다.

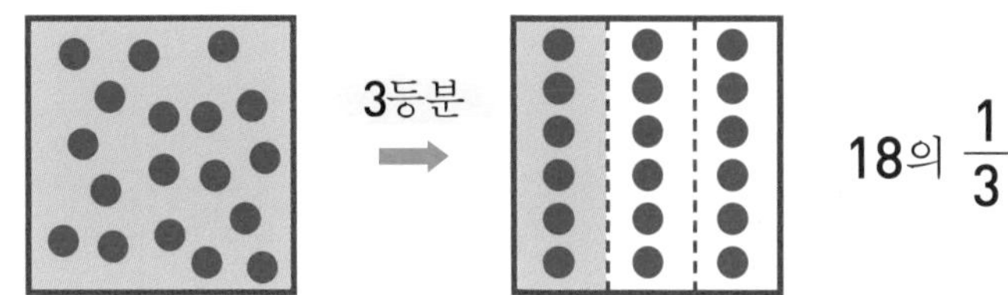

분수 비법(개념편)에 담긴 수학적 원리

● **도형을 사용한 시각적인 설명** ●

자연수 1을 분수로 바꾸는 방법은 여러 가지입니다. $\frac{2}{2}$로 바꿀 수도 있고, $\frac{3}{3}$으로 바꿀 수도 있고, $\frac{10}{10}$이나 $\frac{99}{99}$로 바꿀 수도 있습니다. 그렇다면 이 중에서 어떤 분수로 바꾸어야 할까요? 그것은 상황에 따라 잘 선택해야 합니다.

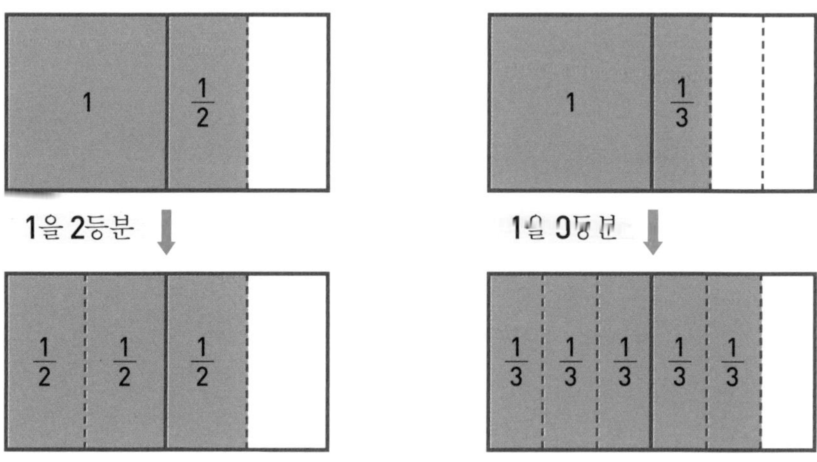

$1\frac{1}{2}$에서 1을 $\frac{2}{2}$로 바꾼 이유는 "단위 분수가 같아야 하기 때문"이고, $1\frac{1}{3}$에서도 마찬가지입니다. 이것을 글로 설명하면 복잡하고 어렵게 느껴집니다. 『분수 비법-개념편』에서는 위와 같이 그림을 사용해서 직관적으로 설명합니다.

● 단순한 문제 해결 전략 ●

『분수 비법-개념편』에서는 어려운 문제도 쉽게 푸는 문제 해결 전략을 알려 줍니다.

(예1) 12의 $\frac{1}{2}$은 얼마입니까?

대부분의 학생들이 12의 $\frac{1}{2}$은 잘 모르지만, $\frac{1}{2}$은 아주 잘 알고 있습니다. 그렇다면 일단 $\frac{1}{2}$을 그리고, 그 다음에 12를 두 칸에다 가르는 순서로 하면 어떨까요? 전략은 다음과 같이 단순화됩니다.

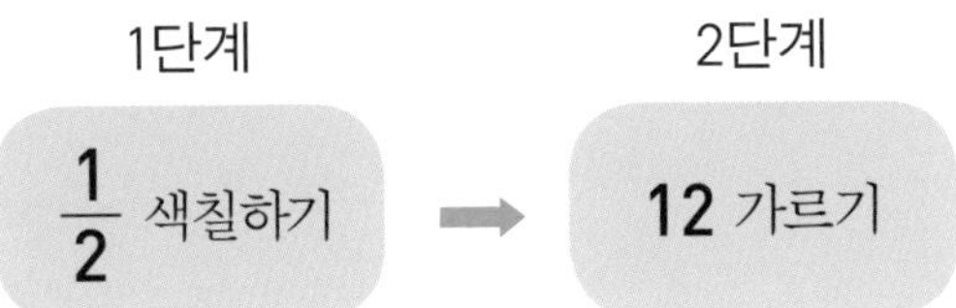

(예2) 6은 20의 얼마입니까?

약수와 배수 개념이 들어 있어서 많은 학생들이 어려워하는 문제입니다.
두 수 중에서 큰 수가 '전체'이므로, 먼저 정사각형 틀 안에다 20을 넣고, 여기서 6씩 가릅니다. 그러면 2가 남습니다. 그렇다면 이번에는 2씩 가릅니다. 그러면 모두 10등분이 되고 그중에서 6은 3등분에 해당합니다. 따라서 분수 $\frac{3}{10}$이 답입니다.

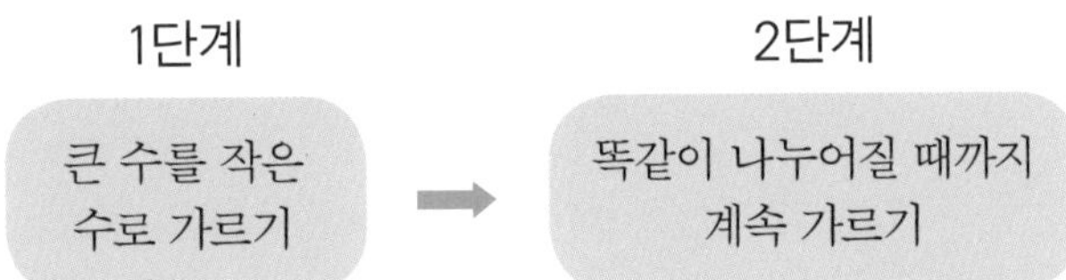

학부모님께

1. 첫 분수 교재로 사용해 주세요.

"우리 아이는 자연수는 잘하는데 분수는 싫어해요."라거나, "분수 개념은 아는데 분수 계산만 나오면 어쩔 줄 몰라 해요."라는 부모님들이 있습니다. 또, "초등 수학은 잘했는데 중학 수학도 잘할지 걱정돼요."라거나, "중학교 수학은 초등과는 차원이 다르다면서요?"라는 부모님들도 있습니다.

처음에 잘 배워 두면 갈수록 쉬운 것이 수학입니다. 특히 분수의 경우엔 첫 경험이 매우 중요합니다. 맨 처음에 어떤 느낌을 갖느냐에 따라 분수를 쉬워하면서 잘하게 되기도 하고 그 반대가 되기도 합니다.

이 교재를 사용해서 처음 분수를 배우면, 분수를 아주 편안하게 대하게 될 것입니다. 또한, 분수 개념에 대한 호감이 생기고 문제도 잘 해결하게 될 것입니다. 물론, 고학년 학생들이 분수를 다시 복습하기 위해 이 교재를 사용하는 것도 좋습니다.

2. 지금 잘 배우면 나중에 쉬워진다고 이야기해 주세요.

수학은 서로 연결되어 있습니다. 자연수와 분수가 연결되어 있고, 초등과 중등도 연결되어 있습니다. 서로 연결되어 있기 때문에, 지금 배운 것을 잘 알면 다음에 새로운 것이 나와도 쉽게 익힐 수 있습니다. 「분수 비법 시리즈」는 자연수 개념을 바탕으로 분수 개념을 이해하는 방법, 자연수 연산법을 활용해서 분수 연산을 익히는 방법을 알려 주는 교재입니다. 이런 식으로 수학의 모든 단원과 학년을 서로 연결해서 학습하면, 수학이 쉬워집니다.

3. 아이가 직접 그림을 그리면서 익히게 해 주세요.

「분수 비법 시리즈」에는 그림을 그리는 과정이 많습니다. 그림 그리기를 번거롭게 생각하지 마시고 적극적으로 활용해 주세요. 어른들은 말로 설명하는 것이 더 간단하게 느껴지지만, 받아들이는 아이들 입장에서는 그림이 더 쉽습니다. 그림 그리기를 귀찮아하거나 유치하게 생각하는 어린이들도 있는데, 그림을 그리지 않아도 척척 문제를 푼다면 굳이 그림을 그리지 않아도 됩니다. 하지만 처음엔 좀 번거롭더라도 자신이 직접 도형 가르기를 하다 보면, 다른 친구들이 어려워하는 문제도 쉽게 해결하는 신기한 경험을 하게 될 것입니다.

4. 교재를 융통성 있게 활용해 주세요.

아이의 성향에 따라 유연하게 이 교재를 사용해 주시기 바랍니다.

아이가 잘 따라 하고 집중력이 있으면 그 자리에서 1부터 4단계까지 진도를 나가도 됩니다. 각 단계의 예시문제와 도전문제 몇 개만 풀어 보아도 금세 원리를 터득할 수 있는 아이들은, 나머지 문제들은 나중에 스스로 풀 수 있기 때문입니다.

하지만 일정한 양을 정해서 풀게 하는 것이 좋습니다. 그래도 너무 적은 양씩 오랜 기간 동안 풀게 하지는 마시기 바랍니다. 어떤 원리를 터득하려면 약간은 몰입해서 공부하는 게 좋기 때문입니다.

일반적인 아이들의 경우엔, 차근차근 진도를 나가 주세요. 한 권을 마스터하는데, 주 1~2회씩 4주 정도의 진도를 권합니다.

이 책의 비법들은 언뜻 보기에 대수롭지 않아 보입니다. 단계를 따라 풀다 보면 그냥 술술 풀리기 때문에, 학생들은 자기가 스스로 원리를 터득했다고 생각하게 됩니다. 아이들이 특히 어려워하는 개념이나 문제들을 꼼꼼히 분석하여, 심리적인 부담을 느끼지 않으면서 술술 풀 수 있도록 치밀하게 구성되어 있기 때문입니다.

부디 이 교재가 우리 아이들이 수학에 대한 흥미와 자신감을 가지고 문제를 잘 해결하는 데 도움이 되기를 바랍니다.

2012. 11. 강미선

분수가 뭘까?

분수가 뭘까?

(1) 분자가 1인 분수

예시문제

$\frac{1}{3}$을 알아봅시다.

정사각형 모양의 색종이 1개를 세 조각으로 똑같이 나눠 보세요.

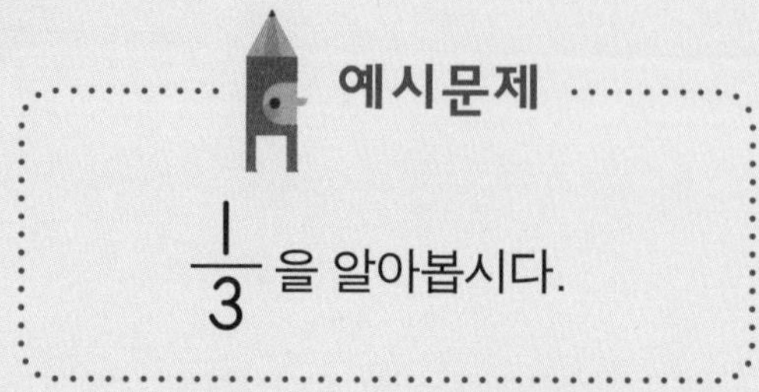

부분의 크기를 수로 나타낼 수 있습니다.

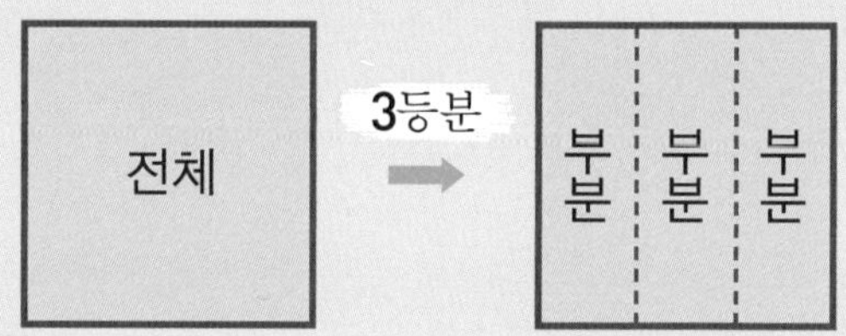

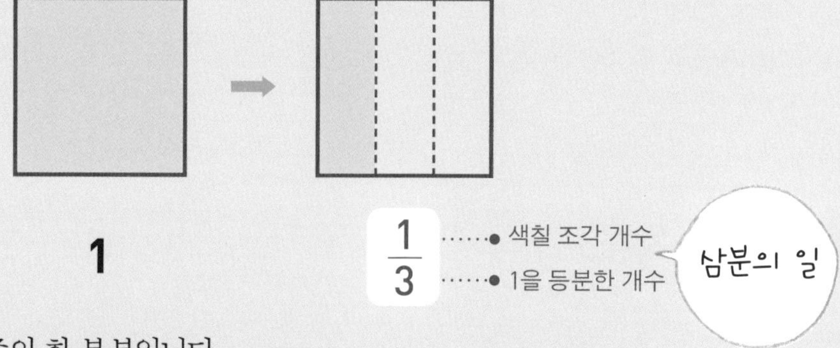

$\frac{1}{3}$은 1을 3등분한 것 중의 한 부분입니다.

이런 수를 **분수**라고 하고 $\frac{\text{분자}}{\text{분모}}$로 씁니다.

핵심 포인트 분수 중에서 $\frac{1}{3}$처럼 분자가 1인 분수를 '단위분수'라고 합니다.

정사각형 1개가 1일 때, 색칠한 부분을 분수로 나타내려고 합니다.
□ 안에 알맞은 수를 쓰세요.

① $\frac{\square}{\square}$

② $\frac{\square}{\square}$

③ $\frac{\square}{\square}$

④ $\frac{\square}{\square}$

⑤ $\frac{\square}{\square}$

⑥ $\frac{\square}{\square}$

분수가 뭘까?

(2) 분자가 분모보다 작은 분수

예시문제

$\frac{2}{3}$ 를 알아봅시다.

정사각형 모양의 색종이 1개를 세 조각으로 똑같이 나눠 보세요.

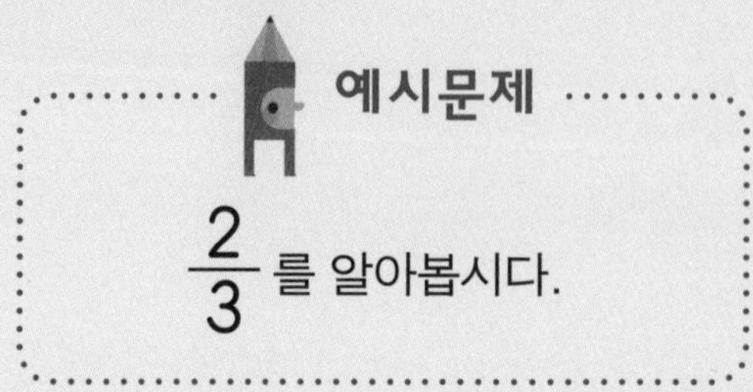

부분의 크기를 수로 나타낼 수 있습니다.

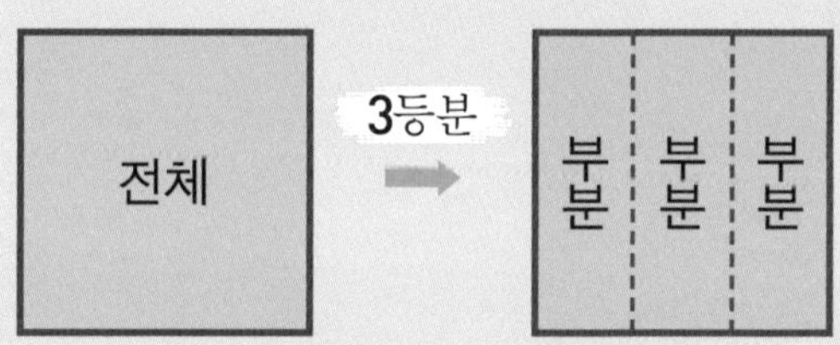

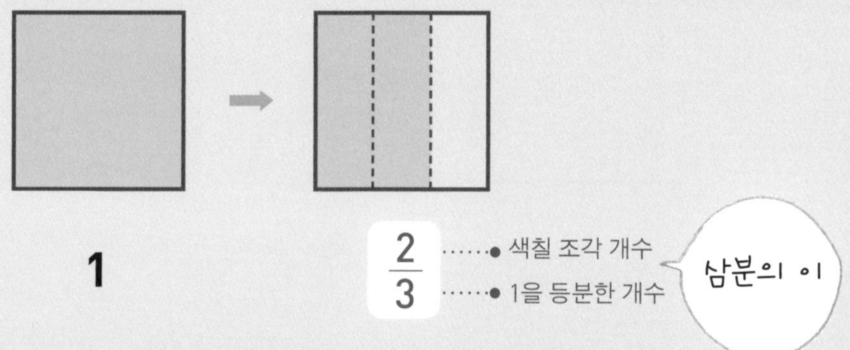

$\frac{2}{3}$ 는 1을 3등분한 것 중의 두 부분입니다.

핵심 포인트 분수 중에서 $\frac{2}{3}$ 처럼 분자가 분모보다 작은 분수를 '진분수'라고 합니다.

정사각형 1개가 1일 때, 색칠한 부분을 분수로 나타내려고 합니다.
□ 안에 알맞은 수를 쓰세요.

①

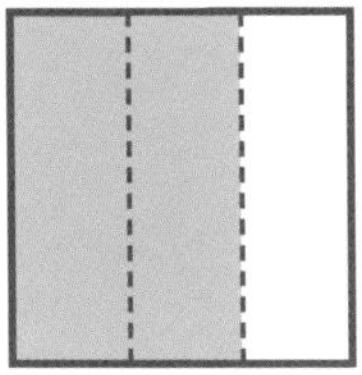

②

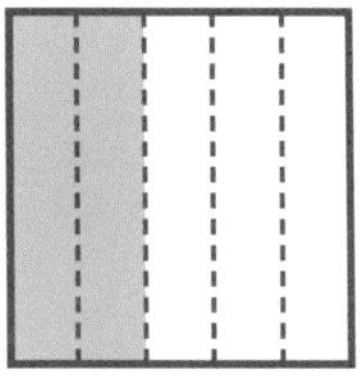

③

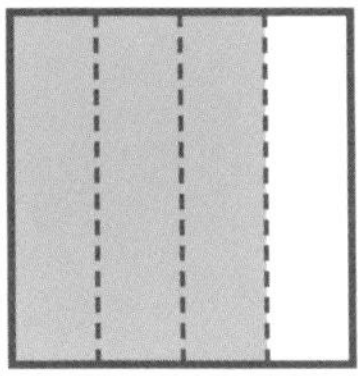

④

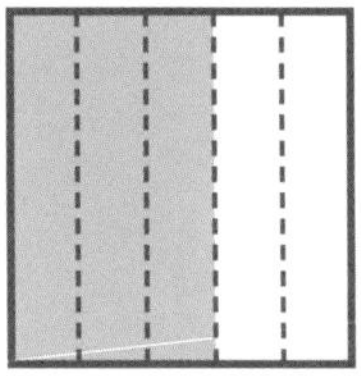

⑤

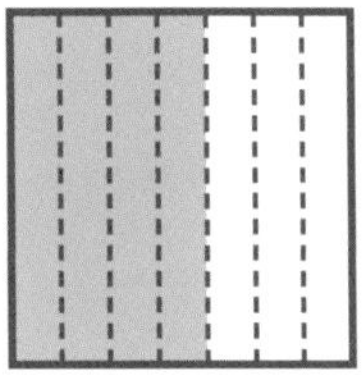

⑥

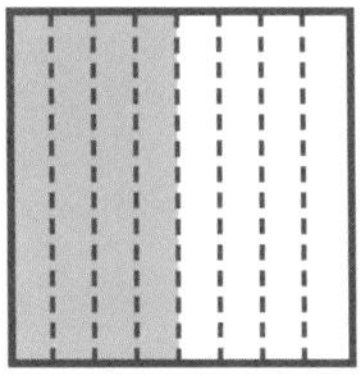

분수가 뭘까?

(3) 분자와 분모가 같은 분수

예시문제

$\frac{3}{3}$을 알아봅시다.

정사각형 모양의 색종이 1개를 세 조각으로 똑같이 나눠 보세요.

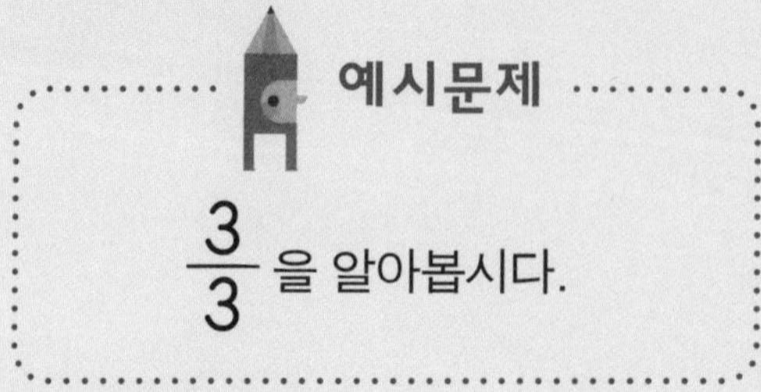

부분의 크기를 수로 나타낼 수 있습니다.

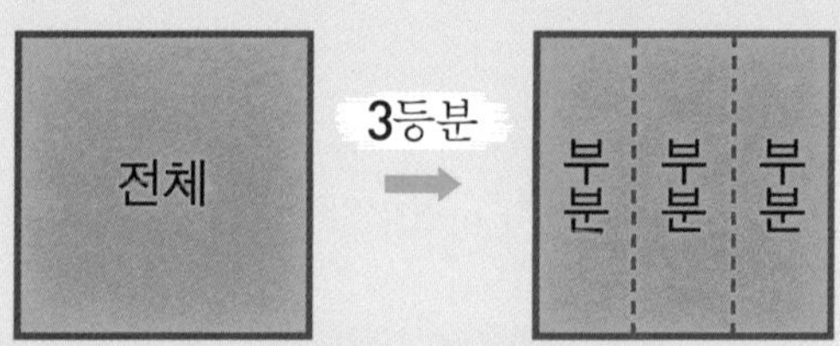

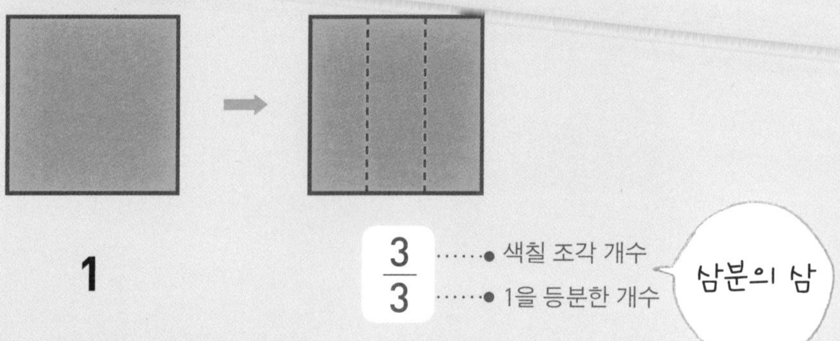

$\frac{3}{3}$은 1을 3등분한 것 중의 세 부분입니다.

$\frac{3}{3}$은 1과 크기가 같고, $\frac{3}{3} = 1$이라고 씁니다.

핵심 포인트 분수 중에서 $\frac{3}{3}$처럼 분자와 분모가 같은 분수의 크기는 '1'입니다.

정사각형 1개가 1일 때, 색칠한 부분을 분수로 나타내려고 합니다.
□ 안에 알맞은 수를 쓰세요.

① $\frac{\square}{\square}$

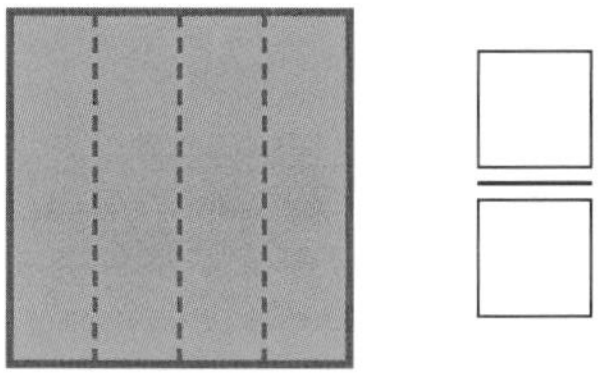

② $\frac{\square}{\square}$

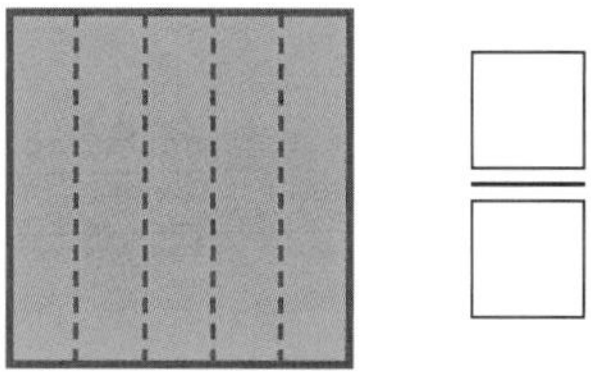

③ $\frac{\square}{\square}$

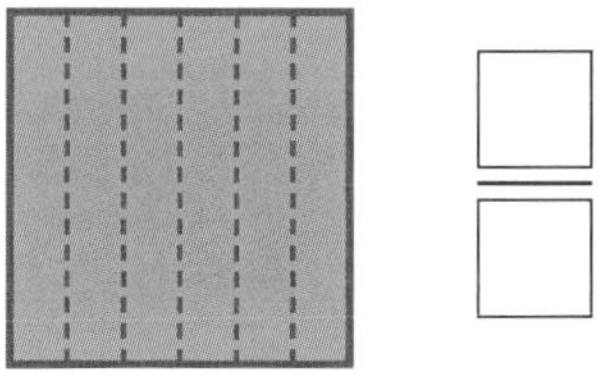

④ $\frac{\square}{\square}$

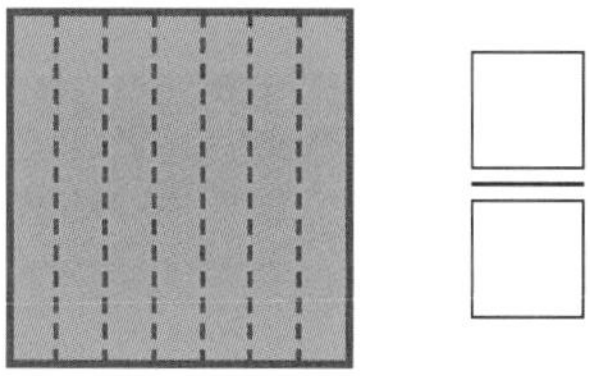

⑤ $\frac{\square}{\square}$

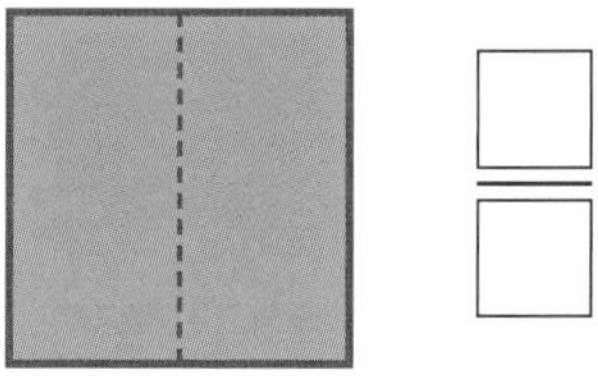

⑥ $\frac{\square}{\square}$

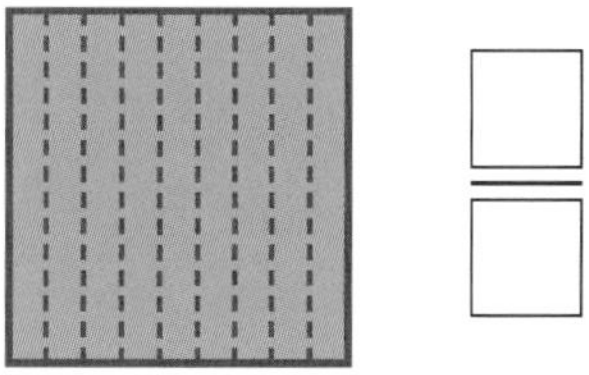

분수가 뭘까?

(4) 분자가 분모보다 큰 분수

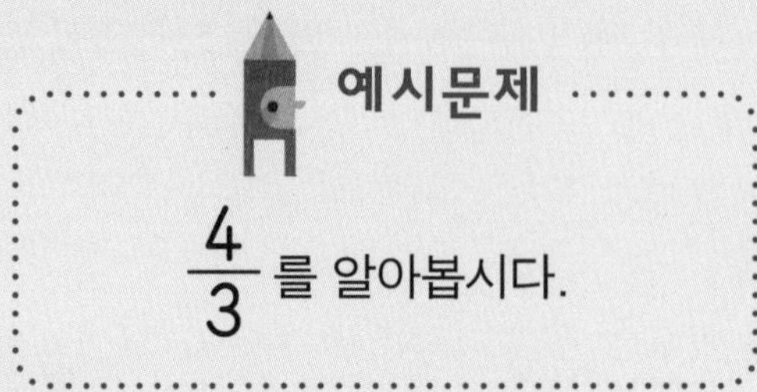

예시문제

$\frac{4}{3}$를 알아봅시다.

$\frac{4}{3}$는 $\frac{1}{3}$이 4개인 분수입니다.

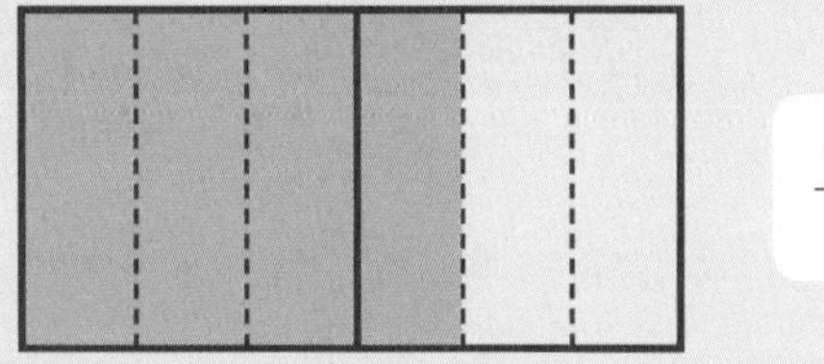

$\frac{4}{3}$ ······ 색칠 조각 개수 / ······ 1을 등분한 개수

삼분의 사

$\frac{4}{3}$는 $1\frac{1}{3}$로도 나타낼 수 있습니다.

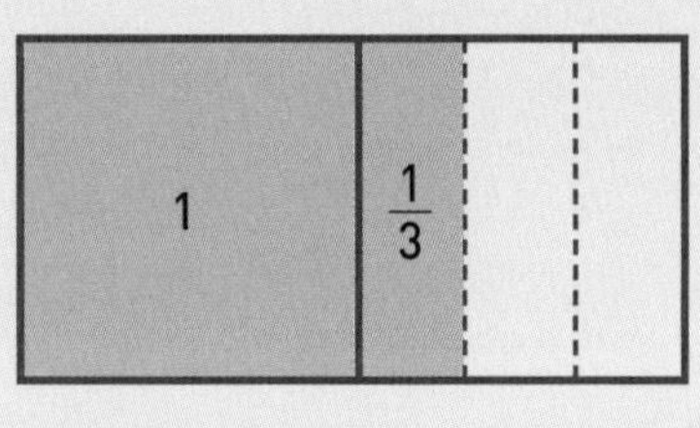

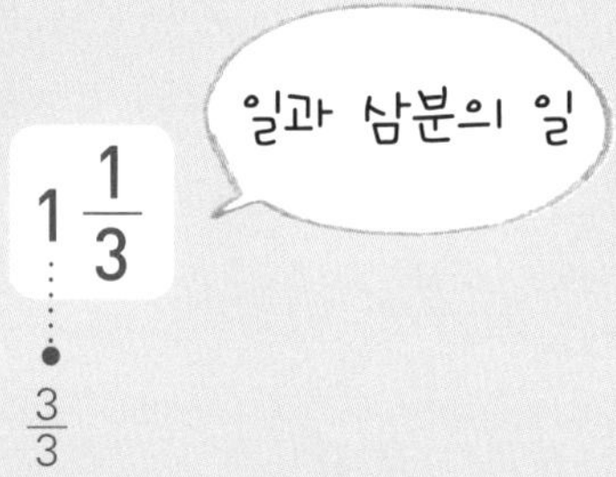

$1\frac{1}{3}$

$\frac{3}{3}$

핵심 포인트 $\frac{4}{3}$처럼 분자가 분모보다 크거나 $\frac{3}{3}$처럼 분자와 분모가 같은 분수를 '가분수'라고 합니다. $1\frac{1}{3}$은 원래 $1+\frac{1}{3}$인데 더하기(+) 기호를 생략한 것입니다. 이처럼 자연수와 진분수가 붙어 있는 모양을 한 분수를 '대분수'라고 합니다.

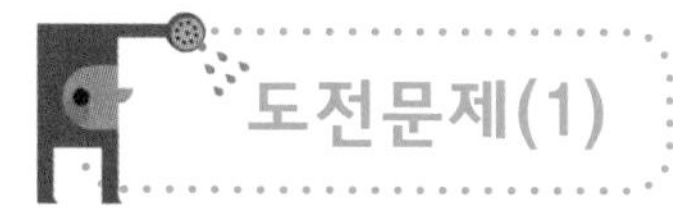

정사각형 전체가 1일 때 색칠한 부분을 가분수로 나타내세요.

①

②

③

④

⑤

⑥

분수가 뭘까?

정사각형 1개가 1일 때 색칠한 부분을 대분수로 나타내세요.

①

②

③

④

⑤

⑥

도전문제(3)

정사각형 1개가 1일 때 색칠한 부분을 가분수와 대분수로 나타내세요.

①

가분수 □/□ 대분수 □ □/□

②

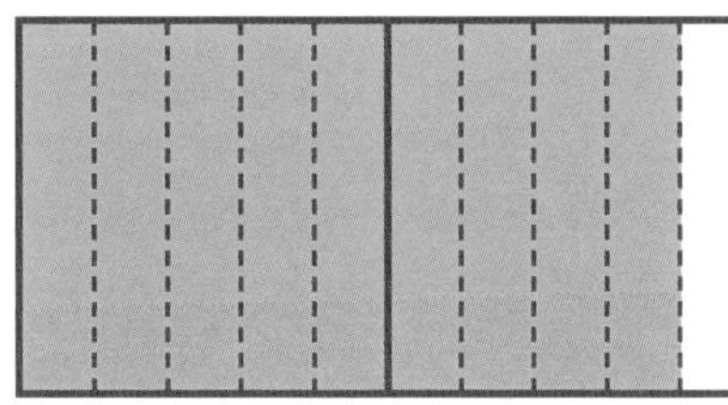

가분수 □/□ 대분수 □ □/□

③

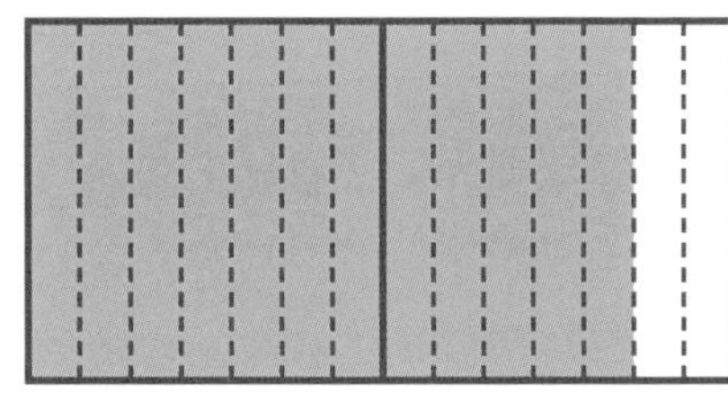

가분수 □/□ 대분수 □ □/□

분수가 뭘까?

(5) 분자가 분모의 몇 배인 분수

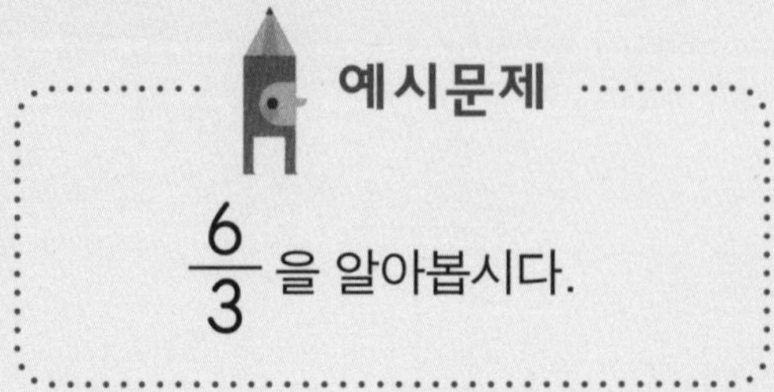

예시문제

$\frac{6}{3}$을 알아봅시다.

$\frac{6}{3}$은 $\frac{1}{3}$이 6개인 분수입니다.

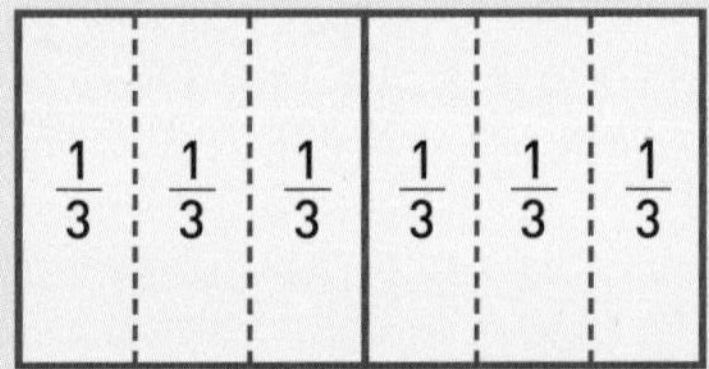

$\frac{6}{3}$ ······● 색칠 조각 개수 / ······● 1을 등분한 개수

삼분의 육

$\frac{6}{3}$은 자연수 2와 크기가 같습니다.

$\frac{3}{3}=1$ $\frac{3}{3}=1$

1	1

$$\frac{6}{3}=2$$

핵심 포인트 $\frac{6}{3}$처럼 분자가 분모보다 2배이면 2,($\frac{4}{2}=2$, $\frac{6}{3}=2$, $\frac{8}{4}=2$, $\frac{10}{5}=2$, ⋯)
$\frac{9}{3}$처럼 분자가 분모의 3배이면 3입니다. ($\frac{6}{2}=3$, $\frac{9}{3}=3$, $\frac{12}{4}=3$, $\frac{15}{5}=3$, ⋯)

정사각형 전체가 1일 때 색칠한 부분을 가분수와 자연수로 나타내세요.

①

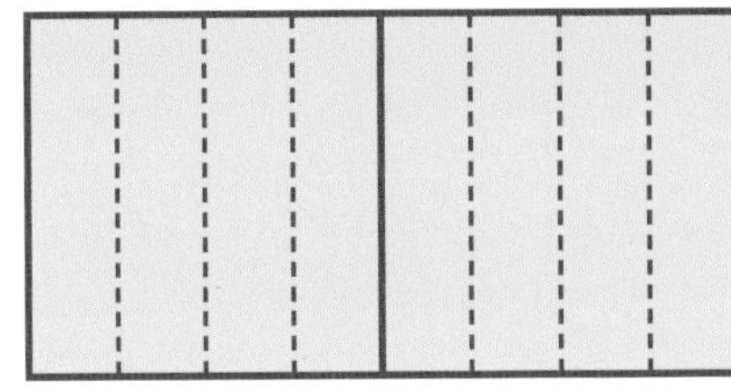

②

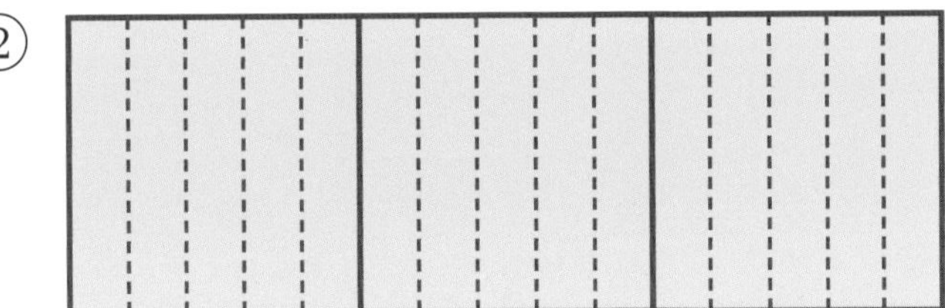

③

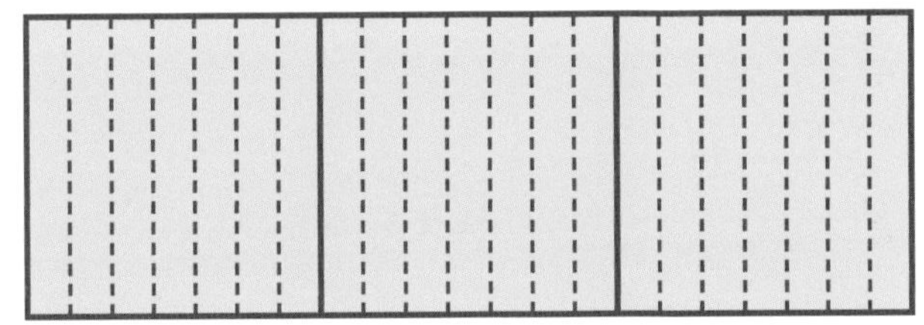

분수가 뭘까?

다음 분수를 어떻게 읽는지 우리말로 쓰세요.

① $\frac{1}{3}$ ➡ [ ]

② $\frac{1}{6}$ ➡ [ ]

③ $\frac{1}{4}$ ➡ [ ]

④ $\frac{1}{8}$ ➡ [ ]

⑤ $\frac{1}{7}$ ➡ [ ]

⑥ $\frac{1}{10}$ ➡ [ ]

⑦ $\frac{1}{5}$ ➡ [ ]

⑧ $\frac{1}{100}$ ➡ [ ]

다음은 분수를 읽는 말입니다. 숫자를 써서 분수로 나타내세요.

① 이분의 일 ➡ $\frac{\square}{\square}$

② 오분의 삼 ➡ $\frac{\square}{\square}$

③ 십이분의 칠 ➡ $\frac{\square}{\square}$

④ 구분의 구 ➡ $\frac{\square}{\square}$

⑤ 육십분의 삼십 ➡ $\frac{\square}{\square}$

⑥ 백분의 구십구 ➡ $\frac{\square}{\square}$

⑦ 십오분의 오십 ➡ $\frac{\square}{\square}$

⑧ 육분의 십칠 ➡ $\frac{\square}{\square}$

분수가 뭘까?

연습문제(3)

다음 □ 안에 알맞은 수를 쓰세요.

① $1 = \frac{\square}{3}$

② $1 = \frac{\square}{5}$

③ $1 = \frac{\square}{7}$

④ $2 = \frac{\square}{3}$

⑤ $2 = \frac{8}{\square}$

⑥ $2 = \frac{10}{\square}$

⑦ $\frac{4}{4} = \square$

⑧ $\frac{10}{10} = \square$

⑨ $\frac{12}{12} = \square$

⑩ $1 = \frac{\square}{12}$

⑪ $2 = \frac{\square}{12}$

⑫ $3 = \frac{\square}{12}$

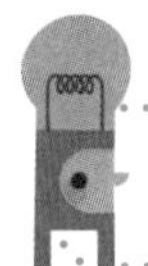

연습문제(4)

다음 □ 안에 알맞은 수를 쓰세요.

① $\frac{4}{2} = \square$　② $\frac{8}{2} = \square$　③ $\frac{12}{6} = \square$

④ $\frac{15}{3} = \square$　⑤ $\frac{24}{3} = \square$　⑥ $\frac{27}{3} = \square$

⑦ $1 = \frac{\square}{2}$　⑧ $5 = \frac{\square}{5}$　⑨ $6 = \frac{\square}{6}$

⑩ $10 = \frac{20}{\square}$　⑪ $11 = \frac{33}{\square}$　⑫ $12 = \frac{48}{\square}$

분수가 뭘까?

(6) 가분수를 대분수로 바꾸기

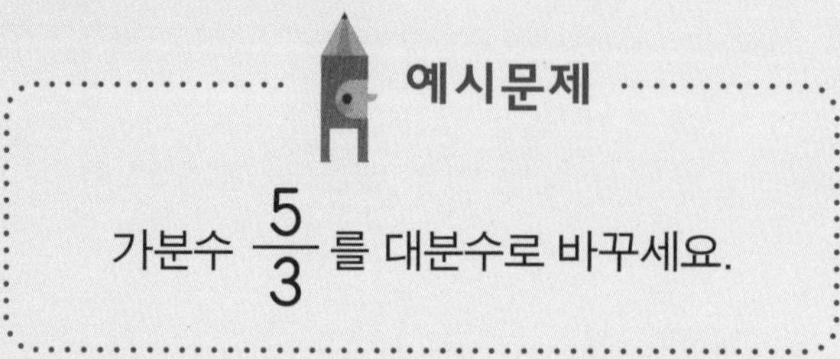

정사각형 그림과 $\frac{3}{3}=1$을 이용하면 쉽게 바꿀 수 있습니다.

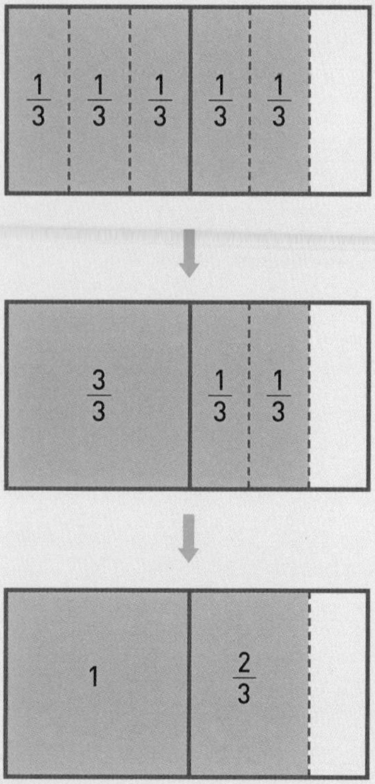

$\frac{1}{3}$	$\frac{1}{3}$	$\frac{1}{3}$	$\frac{1}{3}$	$\frac{1}{3}$	

$\frac{5}{3}$ 가분수

↓

$\frac{3}{3}$	$\frac{1}{3}$	$\frac{1}{3}$	

$$\frac{3}{3} + \frac{2}{3}$$

↓

1	$\frac{2}{3}$	

$$1 + \frac{2}{3}$$

덧셈 기호 생략

$1\frac{2}{3}$ 대분수

따라서 $\frac{5}{3}$는 $1\frac{2}{3}$로 바꿀 수 있습니다.

가분수 $\frac{7}{4}$ 을 대분수로 바꾸는 과정입니다. 빈칸에 알맞은 수를 쓰세요.

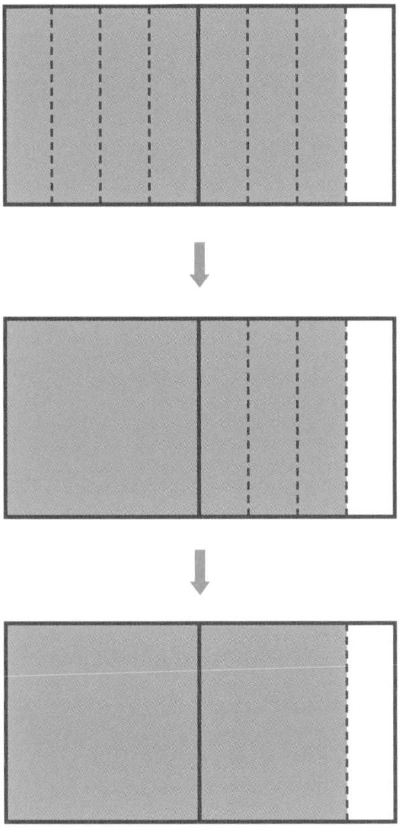

$\frac{\square}{\square}$ (가분수)

$\frac{\square}{\square} + \frac{3}{4}$

$\square + \frac{3}{4}$

따라서, 가분수 $\frac{7}{4}$ = 대분수 $\square\frac{\square}{\square}$

분수가 뭘까?

가분수 $\frac{11}{5}$ 을 대분수로 바꾸는 과정입니다. 빈칸에 알맞은 수를 쓰세요.

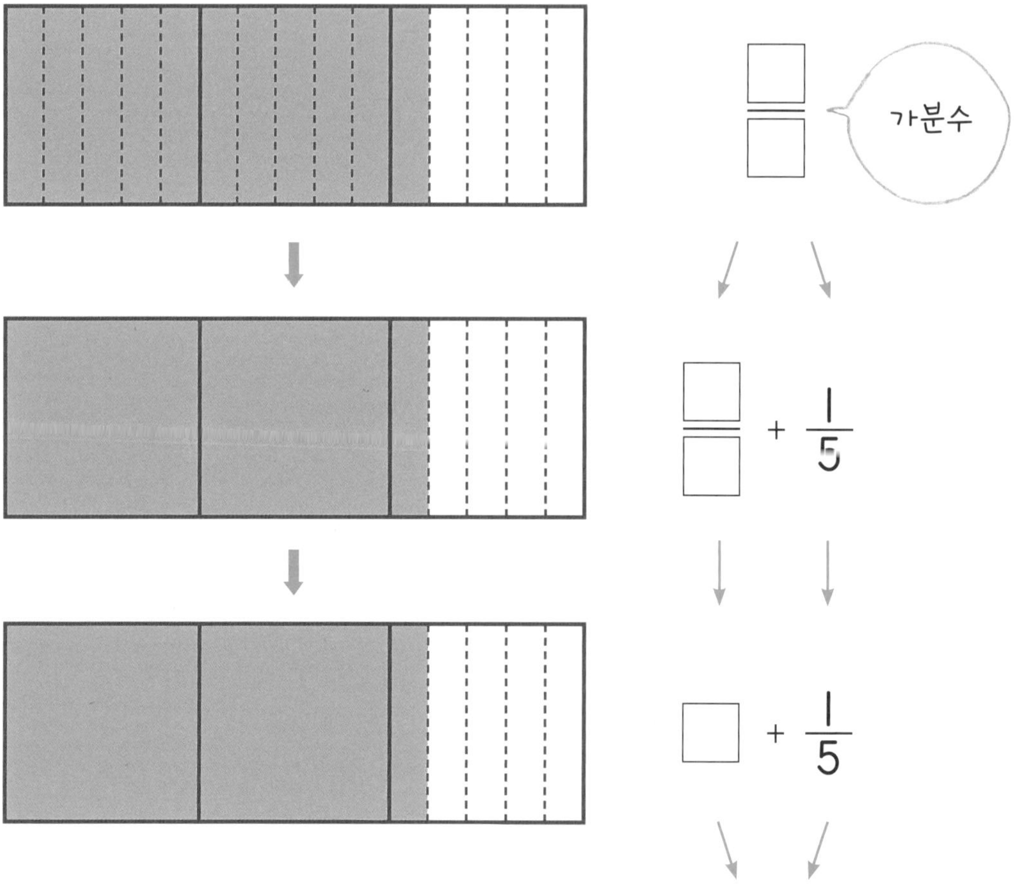

$\frac{\square}{\square}$ 가분수

↓

$\frac{\square}{\square} + \frac{1}{5}$

↓

$\square + \frac{1}{5}$

↓

따라서, 가분수 $\frac{11}{5}$ = 대분수 $\square\frac{\square}{\square}$

가분수 $\frac{17}{6}$ 을 대분수로 바꾸는 과정입니다. 빈칸에 알맞은 수를 쓰세요.

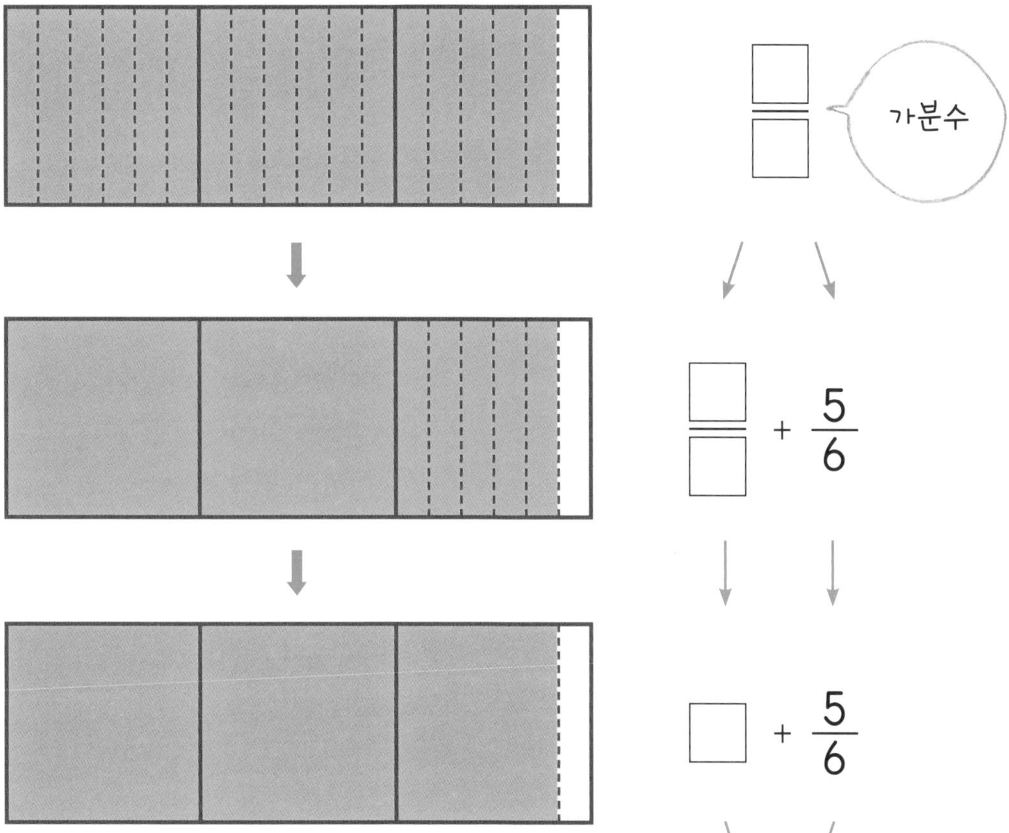

$\frac{\square}{\square}$ 가분수

$\frac{\square}{\square} + \frac{5}{6}$

$\square + \frac{5}{6}$

따라서, 가분수 $\frac{17}{6}$ = 대분수 $\square\frac{\square}{\square}$

분수가 뭘까?

① $\frac{3}{2}$

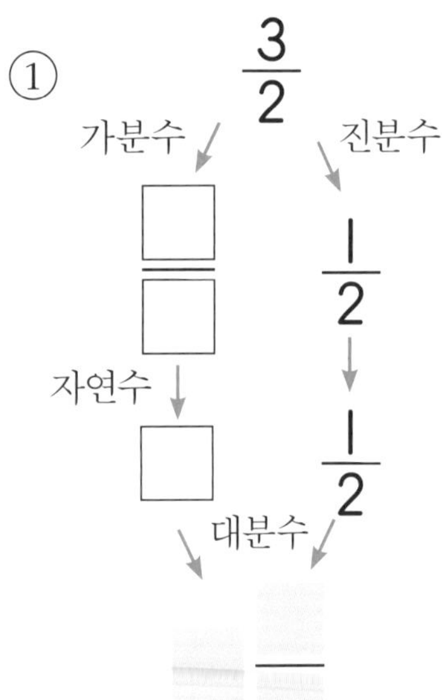

② $\frac{5}{2}$

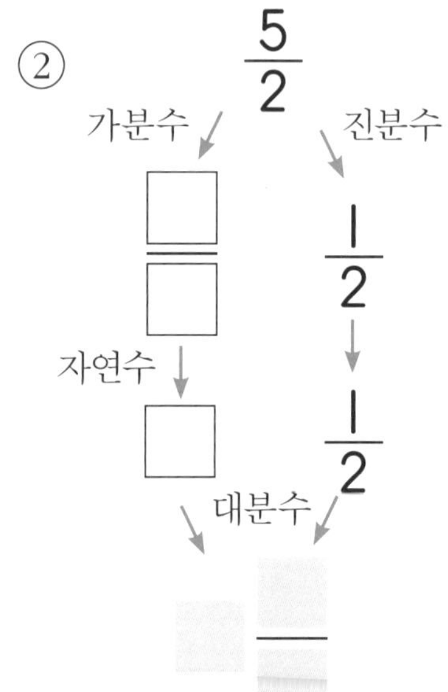

③ $\frac{7}{3}$

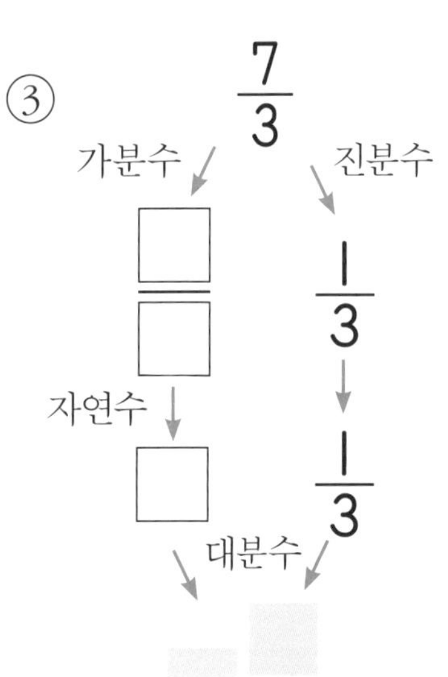

④ $\frac{13}{3}$

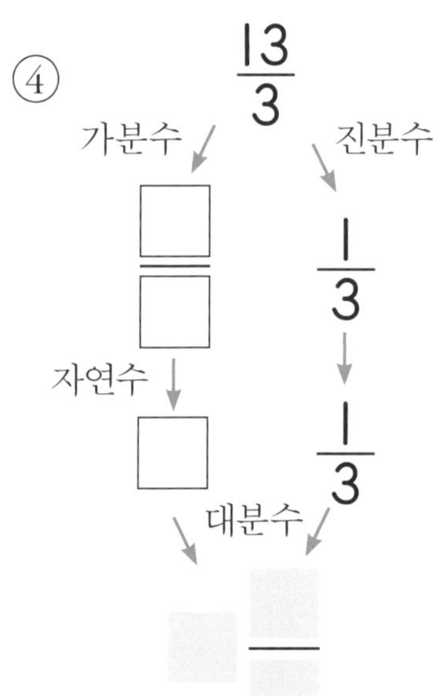

도전문제(5)

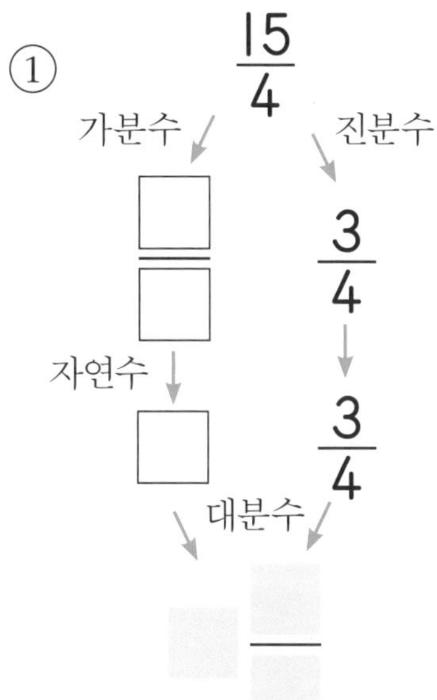
①
15/4
가분수
진분수
3/4
자연수
3/4
대분수

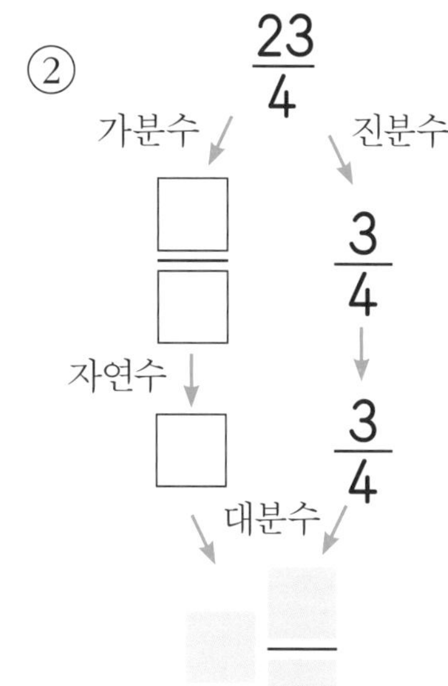
②
23/4
가분수
진분수
3/4
자연수
3/4
대분수

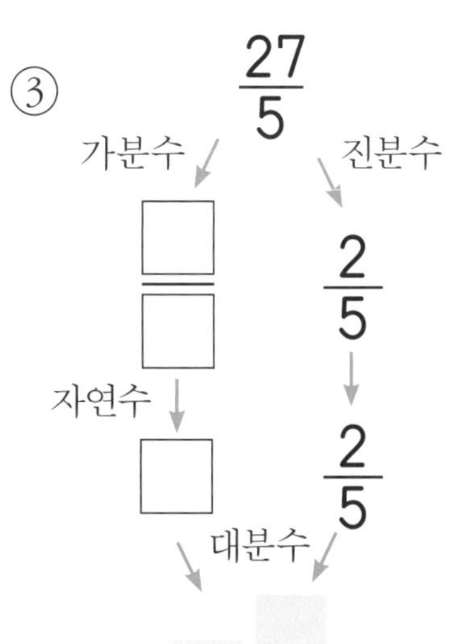
③
27/5
가분수
진분수
2/5
자연수
2/5
대분수

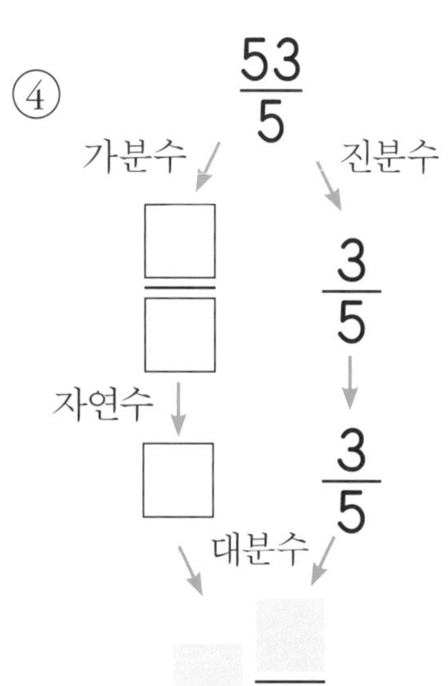
④
53/5
가분수
진분수
3/5
자연수
3/5
대분수

분수가 뭘까?

(7) 대분수를 가분수로 바꾸기

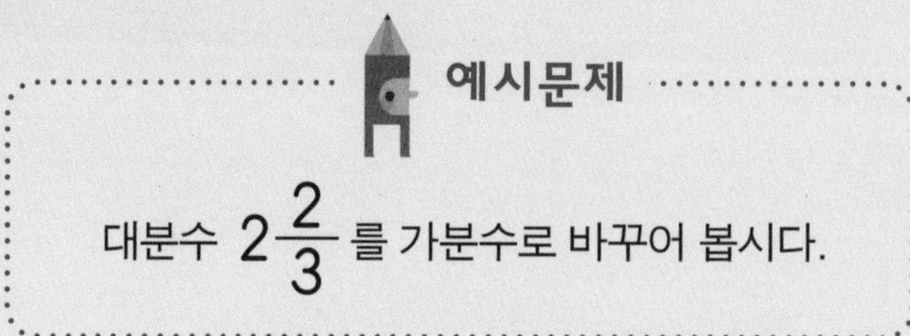

예시문제

대분수 $2\frac{2}{3}$ 를 가분수로 바꾸어 봅시다.

자연수 2는 정사각형 2개로, 진분수 $\frac{2}{3}$ 는 정사각형 조각으로 나타내면 쉽게 알 수 있습니다.

$2\frac{2}{3}$ 대분수

1	1	$\frac{2}{3}$

$2 + \frac{2}{3}$

$\frac{1}{3}$	$\frac{1}{3}$	$\frac{1}{3}$	$\frac{1}{3}$	$\frac{1}{3}$	$\frac{1}{3}$	$\frac{1}{3}$	$\frac{1}{3}$

$\frac{6}{3} + \frac{2}{3}$

$\frac{8}{3}$ 가분수

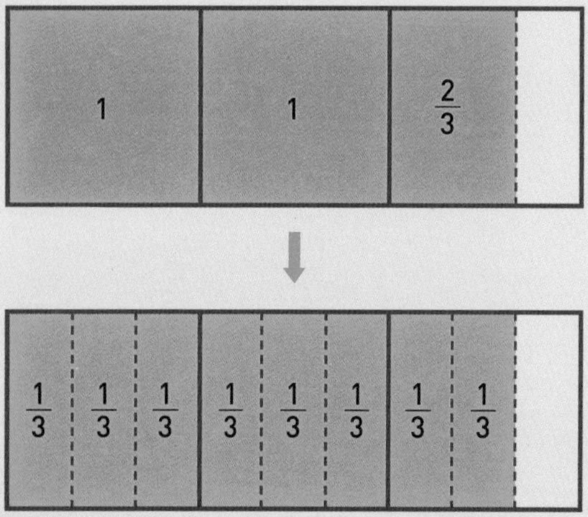

따라서 $2\frac{2}{3} = \frac{8}{3}$ 입니다.

다음은 대분수를 가분수로 나타내는 과정입니다. 빈 정사각형을 분모만큼 칸을 나누고 색칠한 다음, □와 ▒ 안에 알맞은 수를 쓰세요.

①

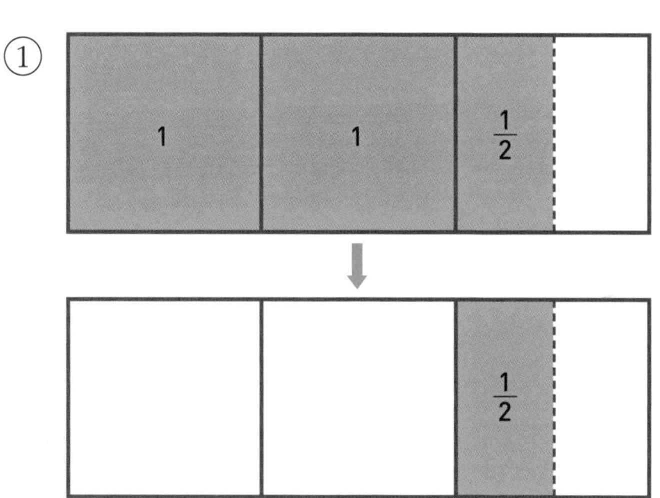

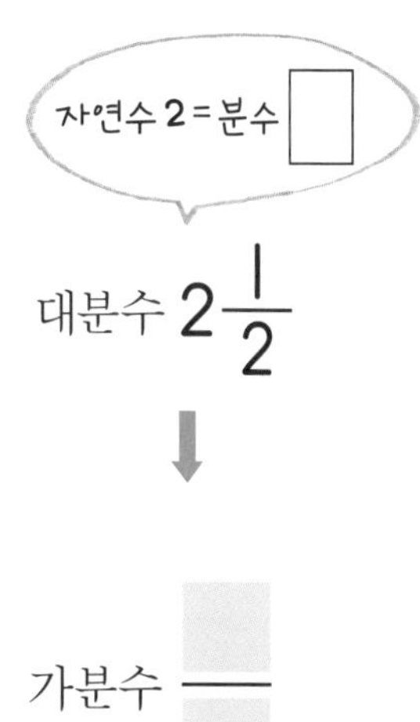

②

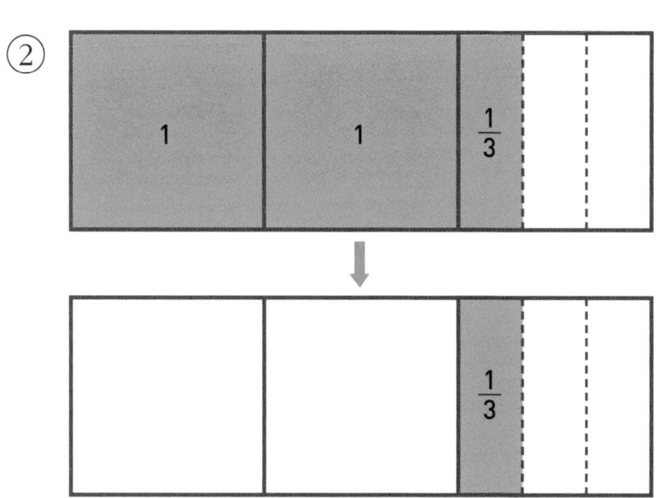

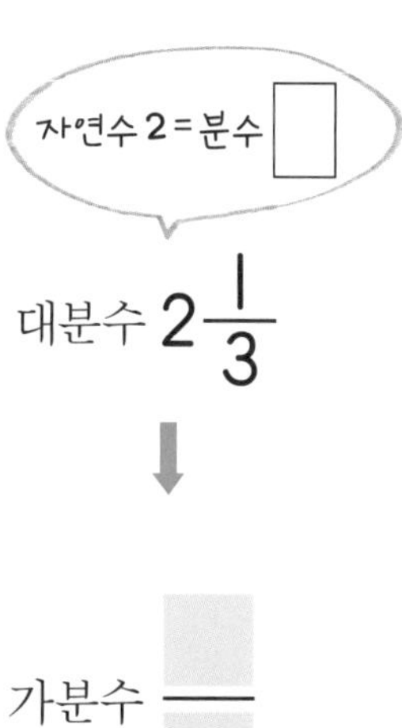

분수가 뭘까?

다음은 대분수를 가분수로 나타내는 과정입니다. 빈 정사각형을 분모만큼 칸을 나누고 색칠한 다음, □와 ▒ 안에 알맞은 수를 쓰세요.

①

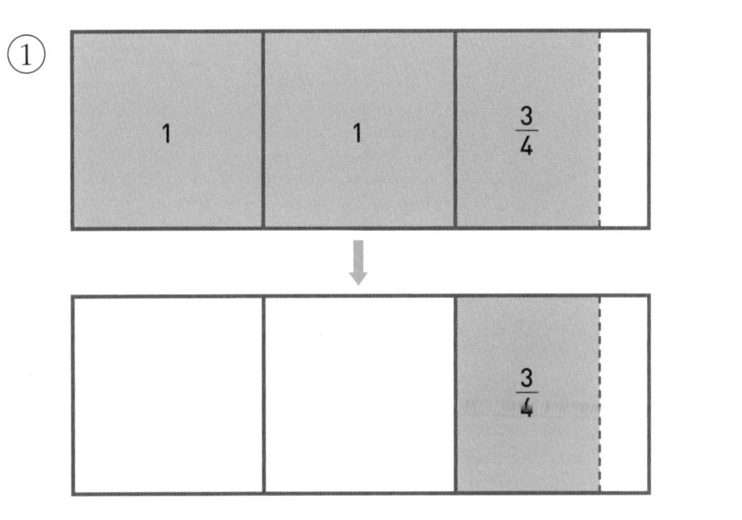

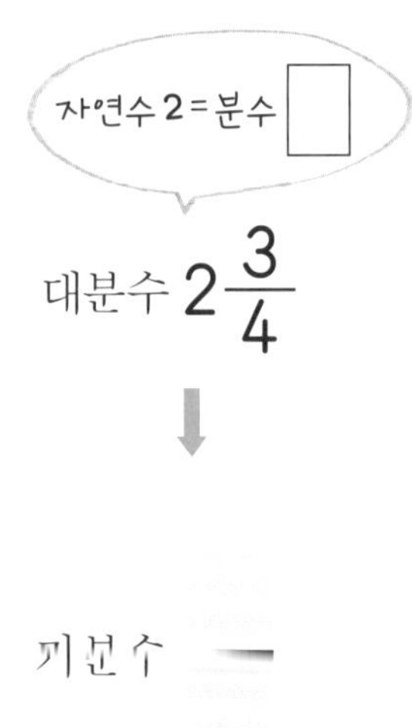

②

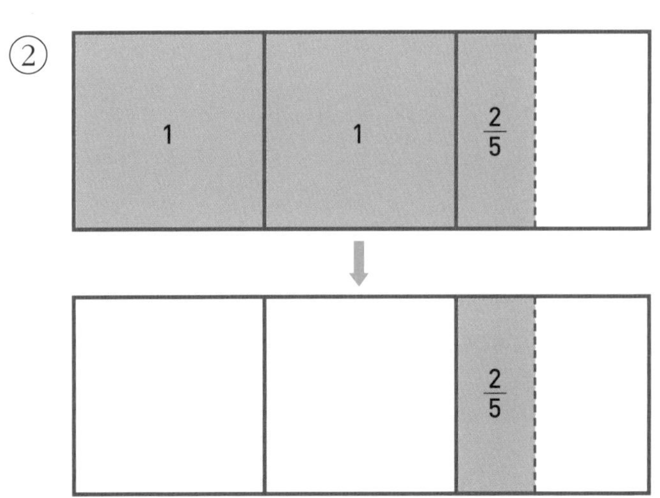

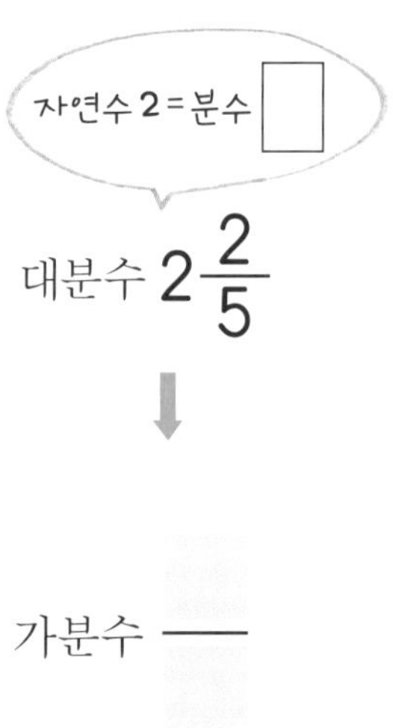

다음은 대분수를 가분수로 나타내는 과정입니다. 빈 정사각형을 분모만큼 칸을 나누고 색칠한 다음, □와 ▒ 안에 알맞은 수를 쓰세요.

①

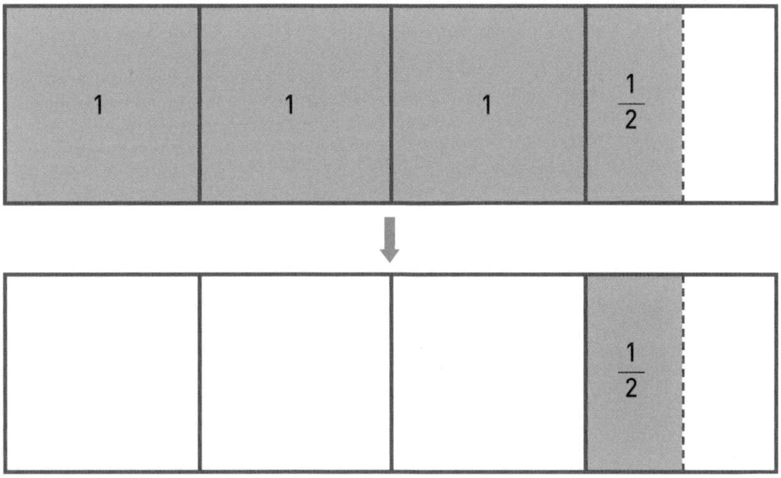

1	1	1	$\frac{1}{2}$	

자연수 3 = 분수 □

대분수 $3\frac{1}{2}$

↓

			$\frac{1}{2}$	

가분수 $\frac{▒}{▒}$

②

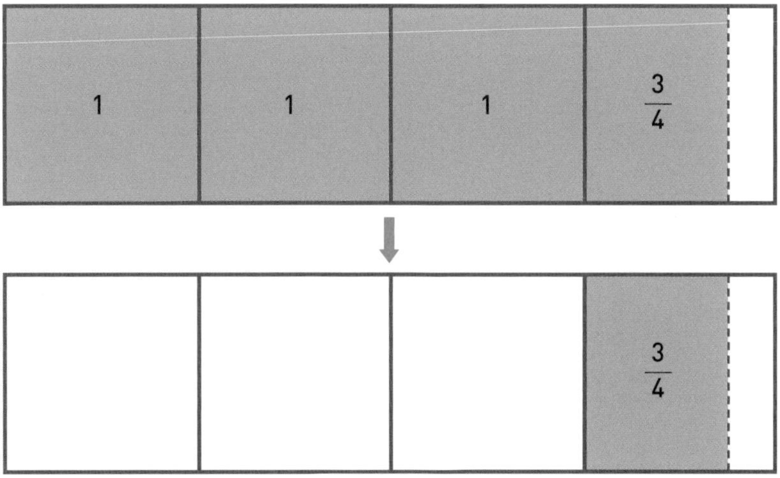

1	1	1	$\frac{3}{4}$	

자연수 3 = 분수 □

대분수 $3\frac{3}{4}$

↓

			$\frac{3}{4}$	

가분수 $\frac{▒}{▒}$

분수가 뭘까?

① $3\frac{3}{4}$

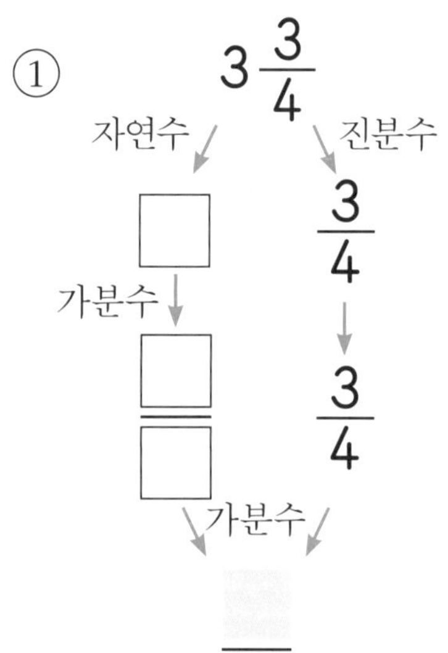

② $4\frac{3}{5}$

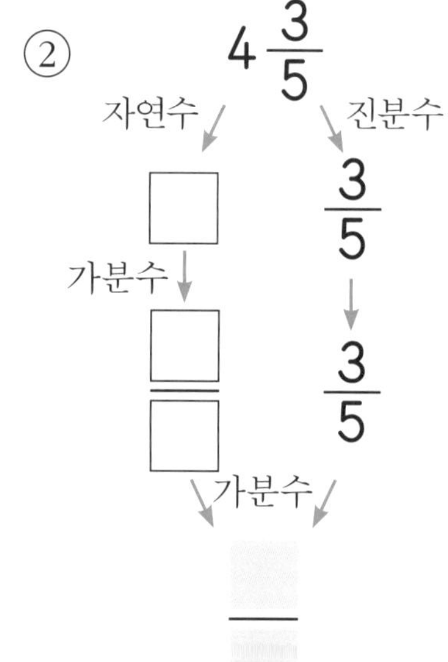

③ $5\frac{1}{6}$

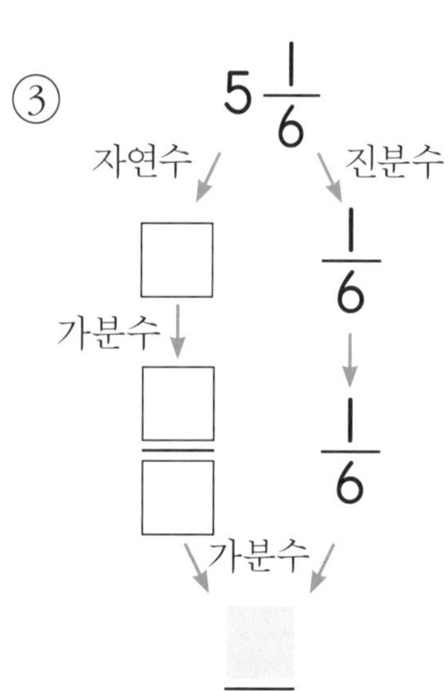

④ $5\frac{1}{7}$

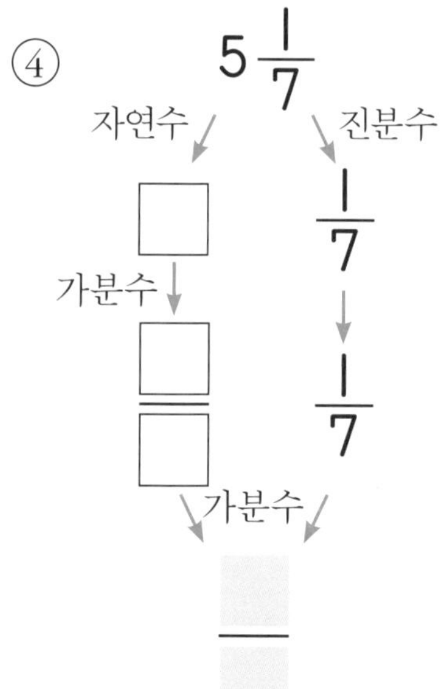

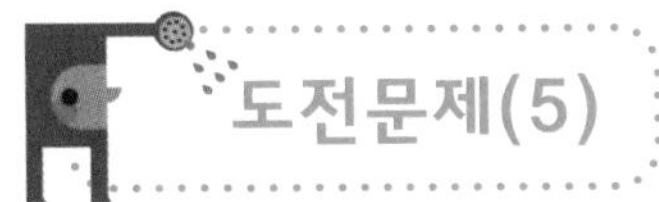
도전문제(5)

① 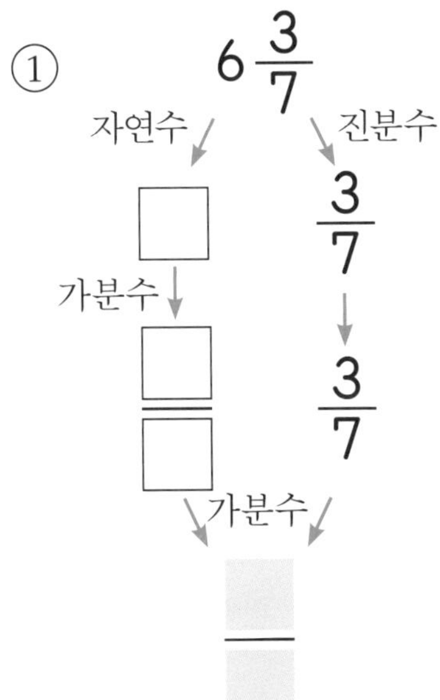
$6\frac{3}{7}$
자연수
진분수
$\frac{3}{7}$
가분수
$\frac{3}{7}$
가분수

② 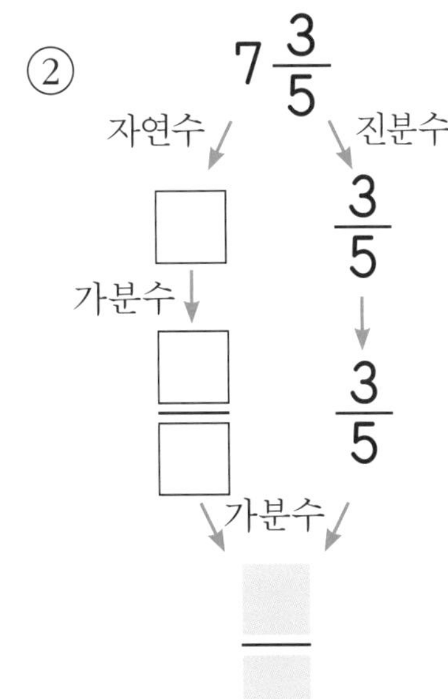
$7\frac{3}{5}$
자연수
진분수
$\frac{3}{5}$
가분수
$\frac{3}{5}$
가분수

③ 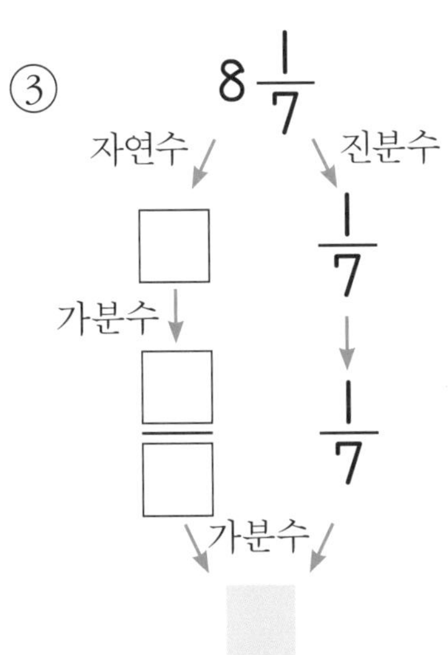
$8\frac{1}{7}$
자연수
진분수
$\frac{1}{7}$
가분수
$\frac{1}{7}$
가분수

④ 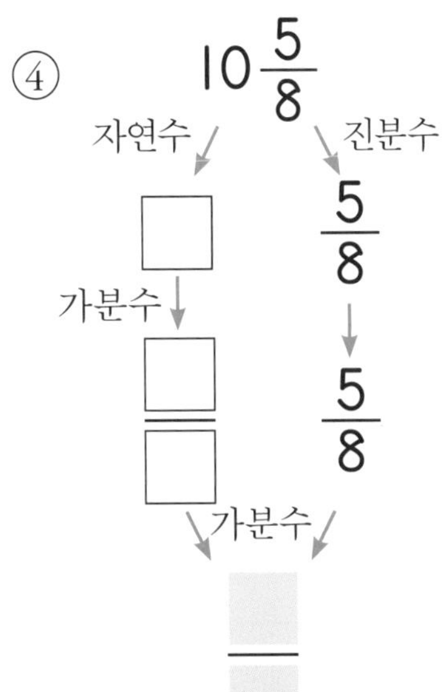
$10\frac{5}{8}$
자연수
진분수
$\frac{5}{8}$
가분수
$\frac{5}{8}$
가분수

분수가 뭘까?

연습문제(1)

빈칸에 알맞은 수를 쓰세요.

① $13\frac{3}{4}=\square+\frac{3}{4}=\frac{\square}{4}+\frac{3}{4}=\frac{\square}{4}$

② $15\frac{4}{5}=\square+\frac{4}{5}=\frac{\square}{5}+\frac{4}{5}=\frac{\square}{5}$

③ $20\frac{5}{6}=\square+\frac{5}{6}=\frac{\square}{6}+\frac{5}{6}=\frac{\square}{6}$

④ $17\frac{3}{7}=\square+\frac{3}{7}=\frac{\square}{7}+\frac{3}{7}=\frac{\square}{7}$

⑤ $21\frac{5}{8}=\square+\frac{5}{8}=\frac{\square}{8}+\frac{5}{8}=\frac{\square}{8}$

⑥ $100\frac{1}{2}=\square+\frac{1}{2}=\frac{\square}{2}+\frac{1}{2}=\frac{\square}{2}$

빈칸에 알맞은 수를 쓰세요.

① $1\frac{1}{2} = \square + \frac{1}{2} = \frac{\square}{\square} + \frac{1}{2} = \frac{\square}{\square}$

② $\frac{19}{3} = \frac{\square}{\square} + \frac{1}{3} = \square + \frac{1}{3} = \square\frac{\square}{\square}$

③ $4\frac{1}{4} = \square + \frac{1}{4} = \frac{\square}{\square} + \frac{1}{4} = \frac{\square}{\square}$

④ $8\frac{2}{6} = \square + \frac{2}{6} = \frac{\square}{\square} + \frac{2}{6} = \frac{\square}{\square}$

⑤ $\frac{91}{8} = \frac{\square}{\square} + \frac{3}{8} = \square + \frac{3}{8} = \square\frac{\square}{\square}$

⑥ $\frac{100}{9} = \frac{\square}{\square} + \frac{1}{9} = \square + \frac{1}{9} = \square\frac{\square}{\square}$

분수가 뭘까?

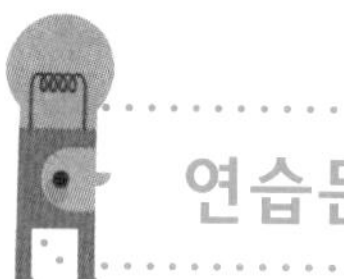

연습문제(3)

빈칸에 알맞은 수를 쓰세요.

① $\frac{99}{2} = \square\frac{\square}{\square}$

② $99\frac{1}{2} = \frac{\square}{\square}$

③ $\frac{85}{7} = \square\frac{\square}{\square}$

④ $85\frac{1}{7} = \frac{\square}{\square}$

⑤ $\frac{112}{13} = \square\frac{\square}{\square}$

⑥ $11\frac{2}{13} = \frac{\square}{\square}$

⑦ $\frac{195}{16} = \square\frac{\square}{\square}$

⑧ $19\frac{5}{6} = \frac{\square}{\square}$

⑨ $\frac{205}{18} = \square\frac{\square}{\square}$

⑩ $20\frac{7}{18} = \frac{\square}{\square}$

⑪ $\frac{251}{20} = \square\frac{\square}{\square}$

⑫ $25\frac{1}{20} = \frac{\square}{\square}$

어느 분수가 더 클까?

어느 분수가 더 클까?

(1) 분자가 같은 분수

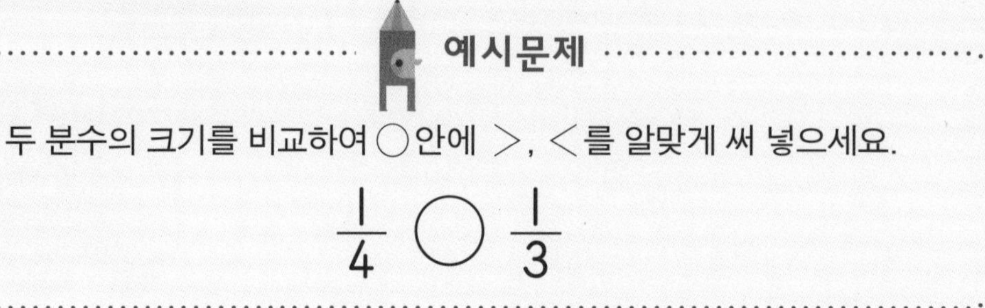

두 분수의 크기를 비교하여 ◯안에 >, <를 알맞게 써 넣으세요.

$$\frac{1}{4} \bigcirc \frac{1}{3}$$

정사각형의 칸을 나누어 분수만큼 각각 색칠한 다음 어느 것이 더 큰지 비교하면 쉽게 알 수 있습니다.

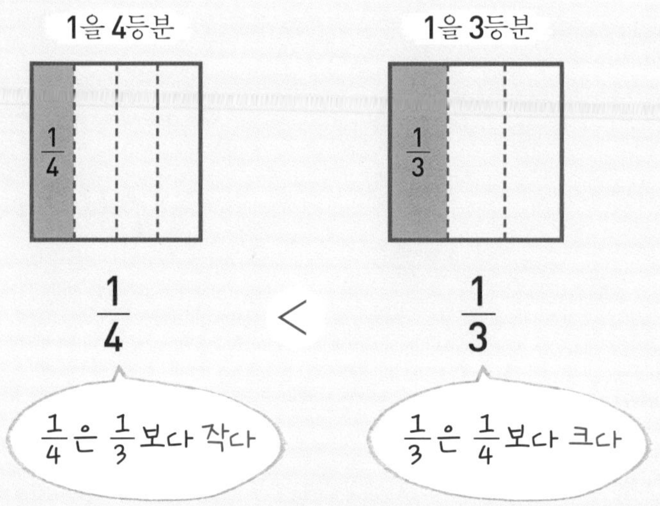

핵심 포인트 둘 다 똑같이 분자는 1이지만 분모는 다릅니다. 분자가 같은데 분모가 다르다는 것은 전체를 나눈 등분의 개수가 다르다는 뜻입니다.

핵심 포인트 분자가 같을 때에는 분모끼리 비교하면 됩니다. 분모가 크면 작고, 분모가 작으면 큽니다.

어느 분수가 더 클까?

분수만큼 색칠하여 크기를 비교한 다음, ● 안에 >, <를 알맞게 써 넣으세요.

①

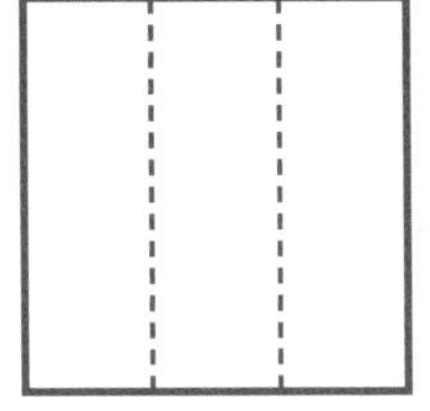

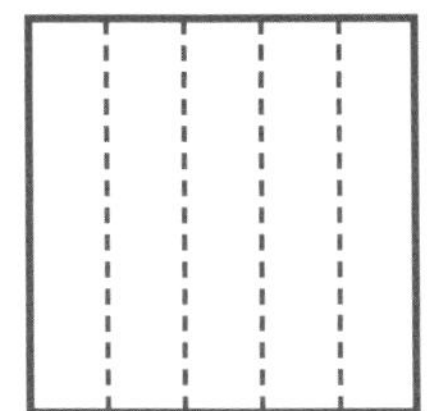

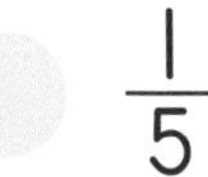

②

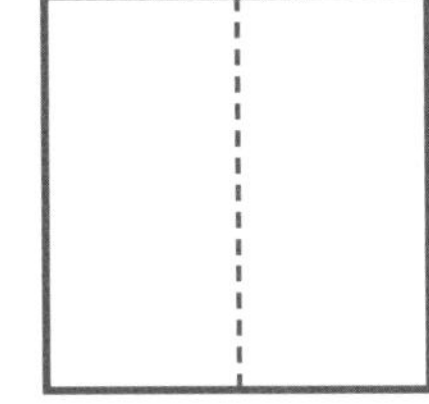

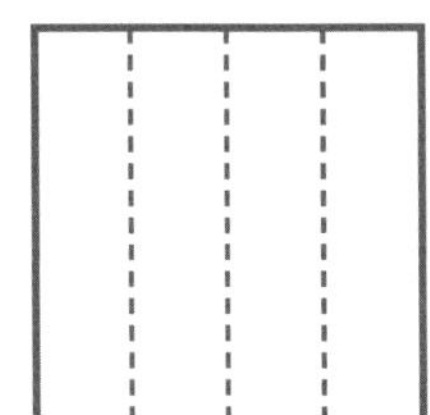

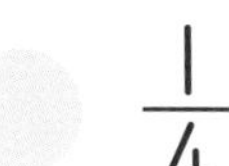

③

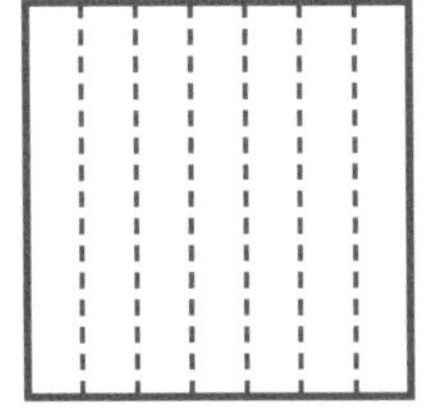

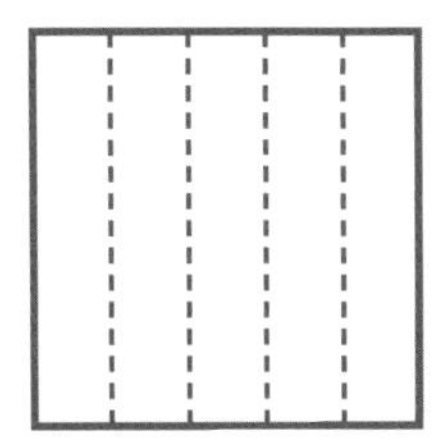

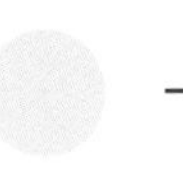

어느 분수가 더 클까?

분수만큼 색칠하여 크기를 비교한 다음, ● 안에 >, <를 알맞게 써 넣으세요.

① 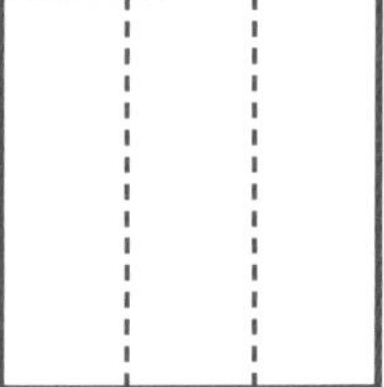 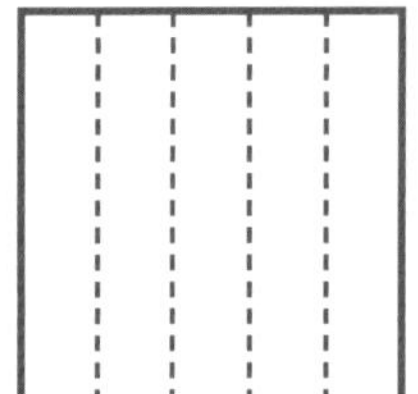

$\frac{2}{3}$ 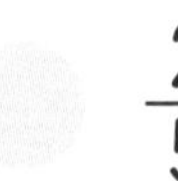 $\frac{2}{5}$

②  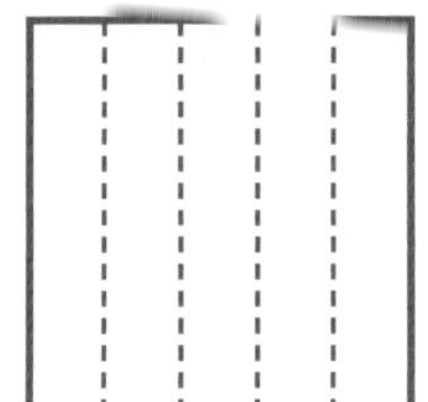

$\frac{3}{7}$ 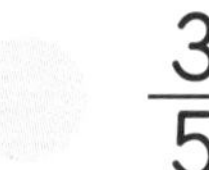 $\frac{3}{5}$

③ 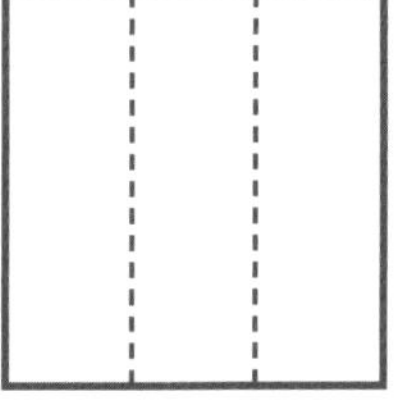 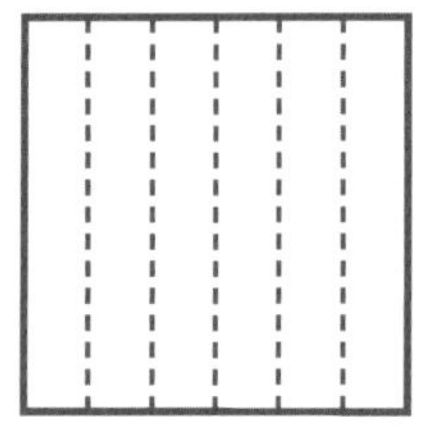

$\frac{2}{3}$  $\frac{2}{6}$

어느 분수가 더 클까?

분수만큼 색칠하여 크기를 비교한 다음, ● 안에 >, <를 알맞게 써 넣으세요.

①

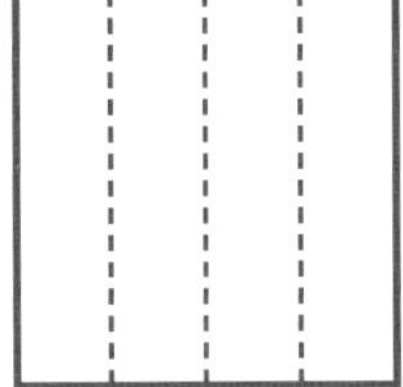

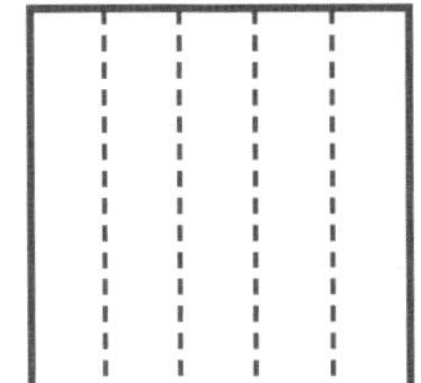

②

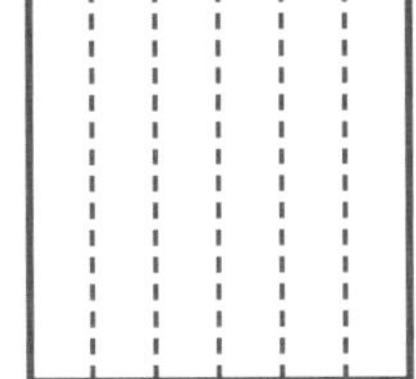

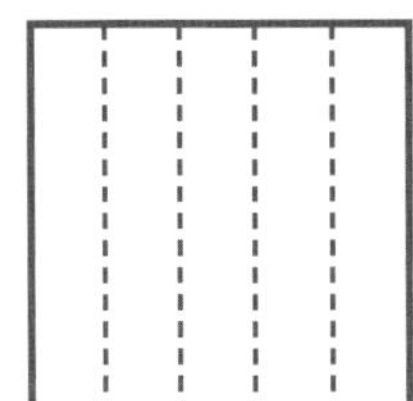

③

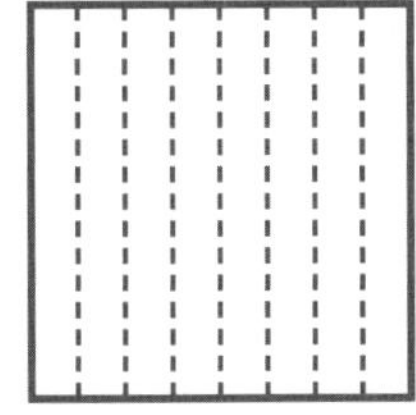

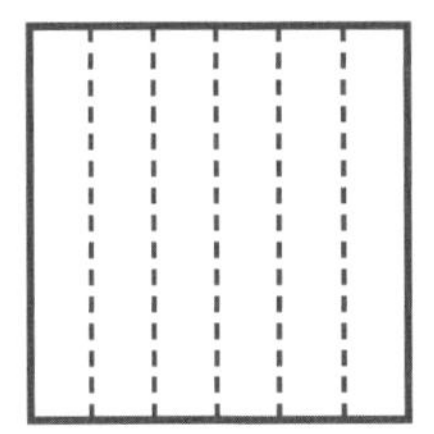

어느 분수가 더 클까?

다음 문장을 잘 읽고 괄호 안에서 알맞은 말을 골라 동그라미 하세요.

① 두 분수의 분자가 똑같을 때에는 분모가 더 작은 분수가 (크기, 작기) 때문에 $\frac{1}{2}$이 $\frac{1}{5}$보다 (크다, 작다).

② 두 분수의 분자가 똑같을 때에는 분모가 더 큰 분수가 (크기, 작기) 때문에 $\frac{2}{7}$가 $\frac{2}{3}$보다 (크다, 작다).

③ 두 분수의 분자가 똑같을 때에는 분모가 더 큰 분수가 (크기, 작기) 때문에 $\frac{3}{4}$이 $\frac{3}{5}$보다 (크다, 작다).

④ 두 분수의 분자가 똑같을 때에는 분모가 더 작은 분수가 (크기, 작기) 때문에 $\frac{5}{6}$가 $\frac{5}{9}$보다 (크다, 작다).

⑤ 두 분수의 분자가 똑같을 때에는 분모가 더 큰 분수가 (크기, 작기) 때문에 $\frac{7}{9}$이 $\frac{7}{10}$보다 (크다, 작다).

어느 분수가 더 클까?

다음 ○ 안에 >, <를 알맞게 써 넣으세요.

① $\frac{1}{2}$ ○ $\frac{1}{3}$

② $\frac{2}{4}$ ○ $\frac{2}{5}$

③ $\frac{2}{6}$ ○ $\frac{2}{3}$

④ $\frac{1}{4}$ ○ $\frac{1}{2}$

⑤ $\frac{5}{9}$ ○ $\frac{5}{7}$

⑥ $\frac{3}{8}$ ○ $\frac{3}{9}$

⑦ $\frac{1}{4}$ ○ $\frac{1}{8}$

⑧ $\frac{4}{10}$ ○ $\frac{4}{5}$

⑨ $\frac{1}{2}$ ○ $\frac{1}{12}$

⑩ $\frac{4}{5}$ ○ $\frac{4}{6}$

⑪ $\frac{11}{12}$ ○ $\frac{11}{15}$

⑫ $\frac{1}{100}$ ○ $\frac{1}{50}$

어느 분수가 더 클까?

(2) 분모가 같은 분수

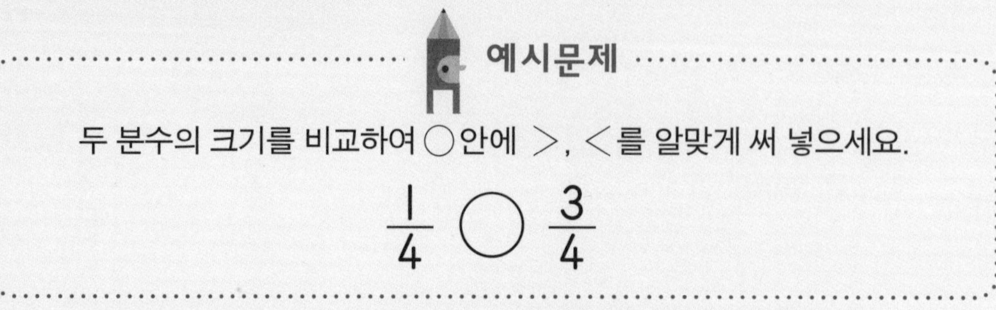

정사각형의 칸을 나누어 분수만큼 각각 색칠한 다음 어느 것이 더 큰지 비교하면 쉽게 알 수 있습니다.

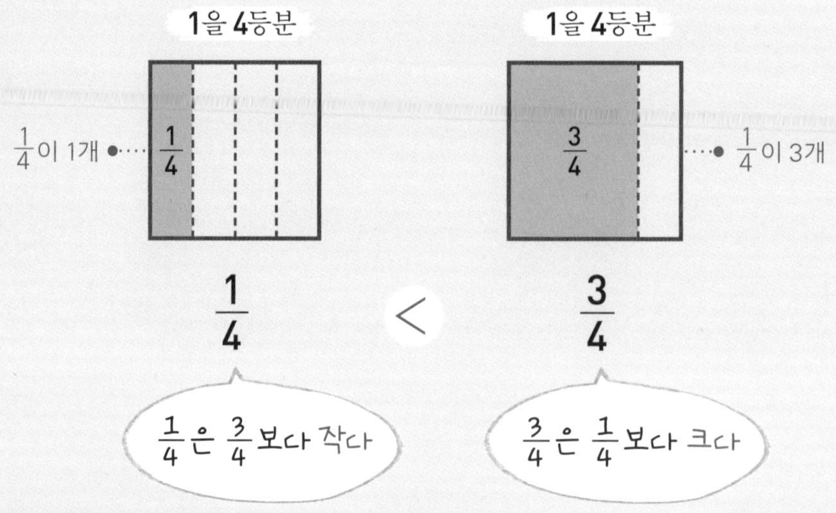

핵심 포인트 둘 다 똑같이 분모는 4지만 분자는 다릅니다. 분모는 같은데 분자가 다르다는 것은 한 조각의 크기는 같지만 개수는 다르다는 뜻입니다.

핵심 포인트 분모가 같을 때에는 분자끼리 비교하면 됩니다. 분자가 크면 크고, 분자가 작으면 작습니다.

어느 분수가 더 클까?

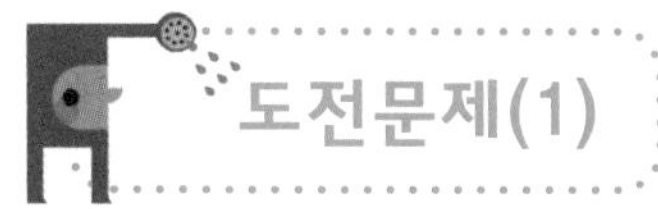

분수만큼 색칠하여 크기를 비교한 다음, ● 안에 >, <를 알맞게 써 넣으세요.

① 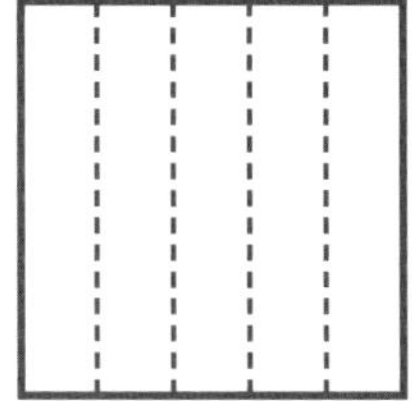 ● 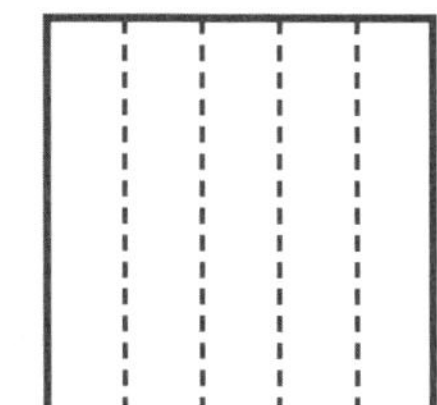

$\frac{1}{5}$  $\frac{4}{5}$

② 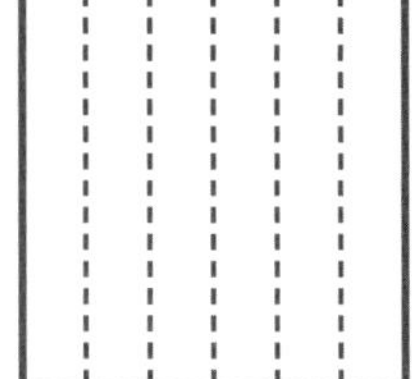 ● 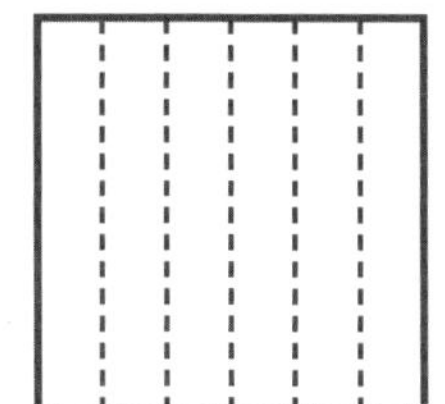

$\frac{3}{6}$  $\frac{1}{6}$

③ 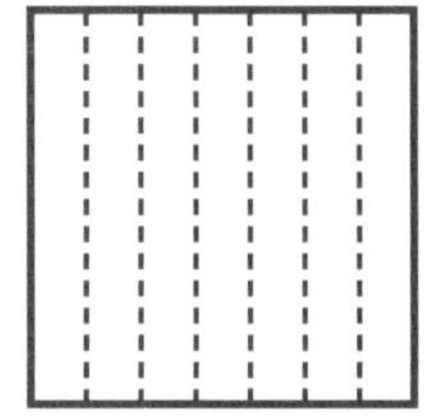  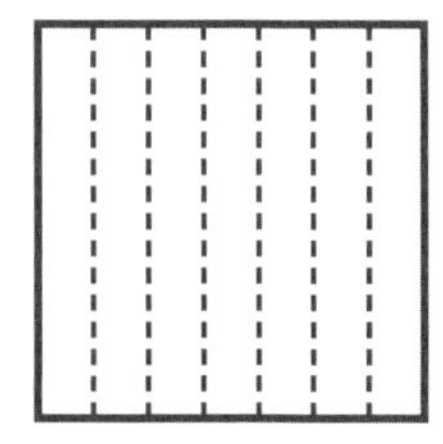

$\frac{5}{7}$  $\frac{3}{7}$

어느 분수가 더 클까?

분수만큼 색칠하여 크기를 비교한 다음, ◯ 안에 >, <를 알맞게 써 넣으세요.

① 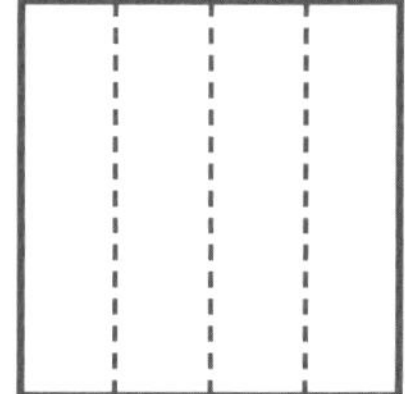 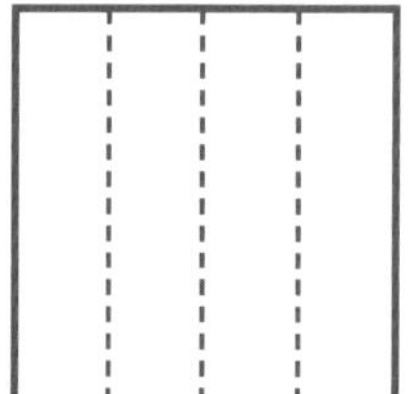

$\frac{3}{4}$  $\frac{2}{4}$

② 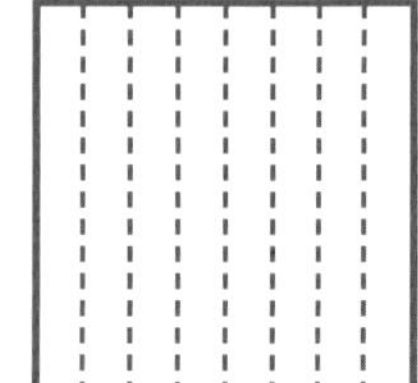 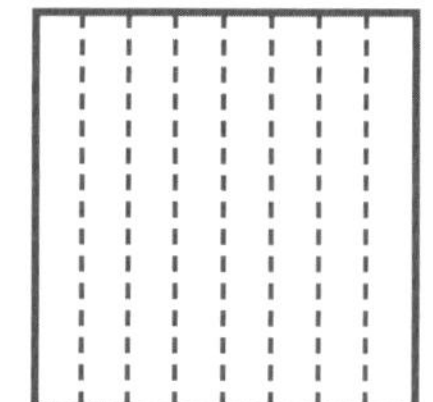

$\frac{3}{8}$  $\frac{7}{8}$

③ 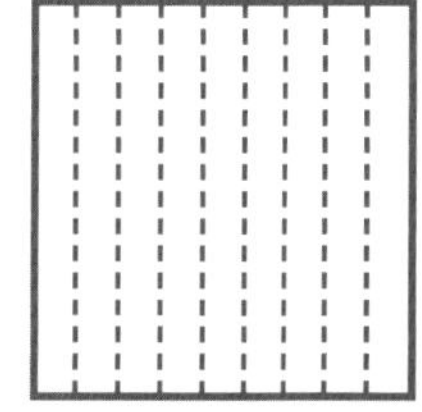 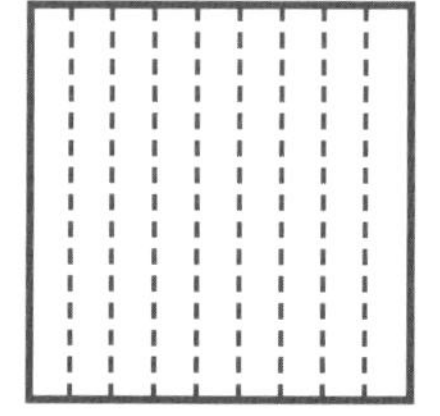

$\frac{2}{9}$  $\frac{8}{9}$

분수만큼 색칠하여 크기를 비교한 다음, ● 안에 ＞, ＜를 알맞게 써 넣으세요.

①

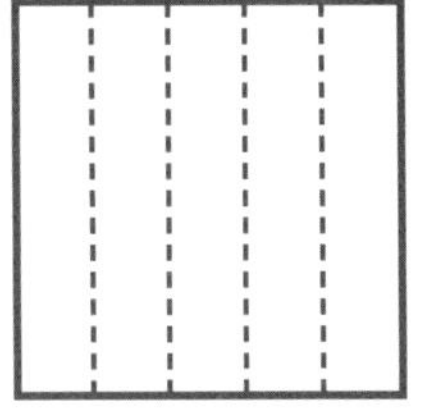 ● 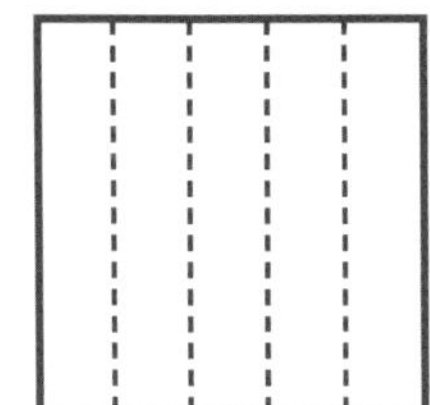

$\frac{4}{5}$ ● $\frac{2}{5}$

②

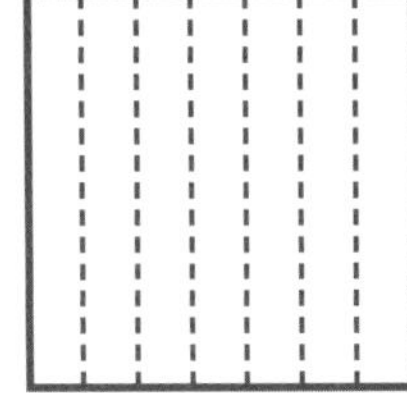 ● 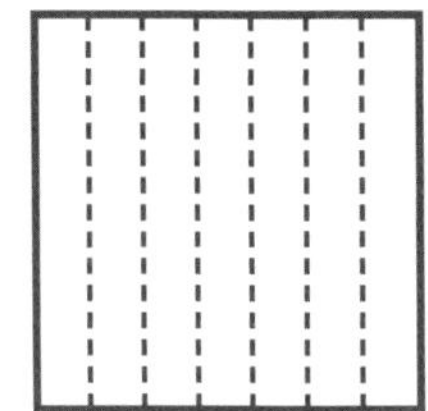

$\frac{4}{7}$ ● $\frac{6}{7}$

③

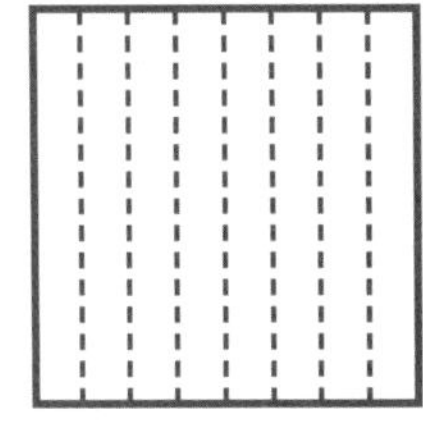 ● 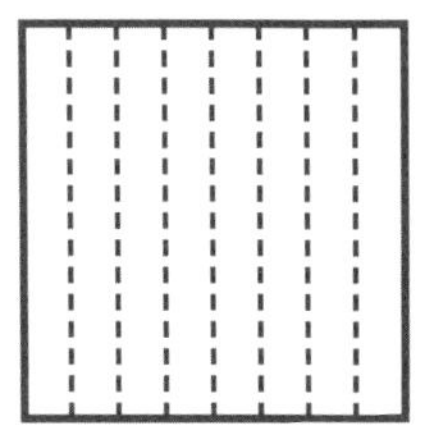

$\frac{6}{8}$ ● $\frac{5}{8}$

어느 분수가 더 클까?

도전문제(4)

다음 문장을 잘 읽고 괄호 안에서 알맞은 말을 골라 동그라미 하세요.

① 두 분수의 분모가 똑같을 때에는 분자가 더 작은 분수가 (크기, 작기) 때문에 $\frac{5}{3}$가 $\frac{10}{3}$보다 (크다, 작다).

② 두 분수의 분모가 똑같을 때에는 분자가 더 큰 분수가 (크기, 작기) 때문에 $\frac{7}{5}$이 $\frac{4}{5}$보다 (크다, 작다).

③ 두 분수의 분모가 똑같을 때에는 분자가 더 큰 분수가 (크기, 작기) 때문에 $\frac{17}{6}$이 $\frac{7}{6}$보다 (크다, 작다).

④ 두 분수의 분모가 똑같을 때에는 분자가 더 작은 분수가 (크기, 작기) 때문에 $\frac{26}{9}$이 $\frac{31}{9}$보다 (크다, 작다).

⑤ 두 분수의 분모가 똑같을 때에는 분자가 더 작은 분수가 (크기, 작기) 때문에 $\frac{41}{7}$이 $\frac{50}{7}$보다 (크다, 작다).

다음 ● 안에 >, <, =를 알맞게 써 넣으세요.

① $\frac{2}{5}$ ● $\frac{2}{6}$

② $\frac{8}{6}$ ● $\frac{8}{6}$

③ $\frac{11}{7}$ ● $\frac{11}{4}$

④ $\frac{12}{7}$ ● $\frac{1}{7}$

⑤ $\frac{13}{8}$ ● $\frac{13}{9}$

⑥ $\frac{13}{8}$ ● $\frac{9}{8}$

⑦ $\frac{10}{9}$ ● $\frac{10}{7}$

⑧ $\frac{10}{9}$ ● $\frac{20}{9}$

⑨ $\frac{6}{7}$ ● $\frac{6}{77}$

⑩ $\frac{6}{10}$ ● $\frac{7}{10}$

⑪ $\frac{17}{12}$ ● $\frac{17}{11}$

⑫ $\frac{7}{12}$ ● $\frac{3}{12}$

어느 분수가 더 클까?

(3) 자연수와 분수

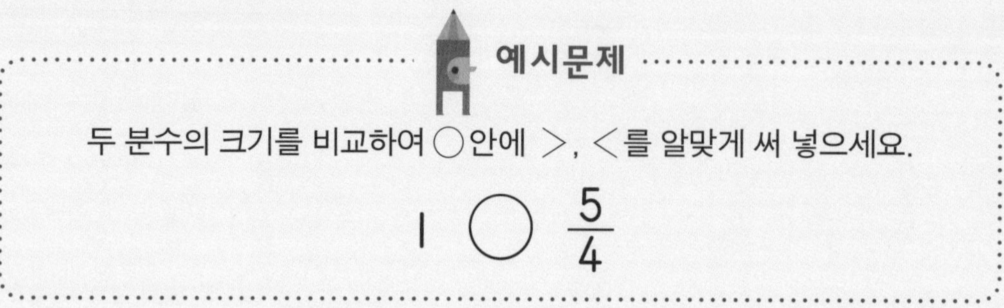

정사각형의 칸을 나누어 분수만큼 각각 색칠한 다음 어느 것이 더 큰지 비교하면 쉽게 알 수 있습니다.

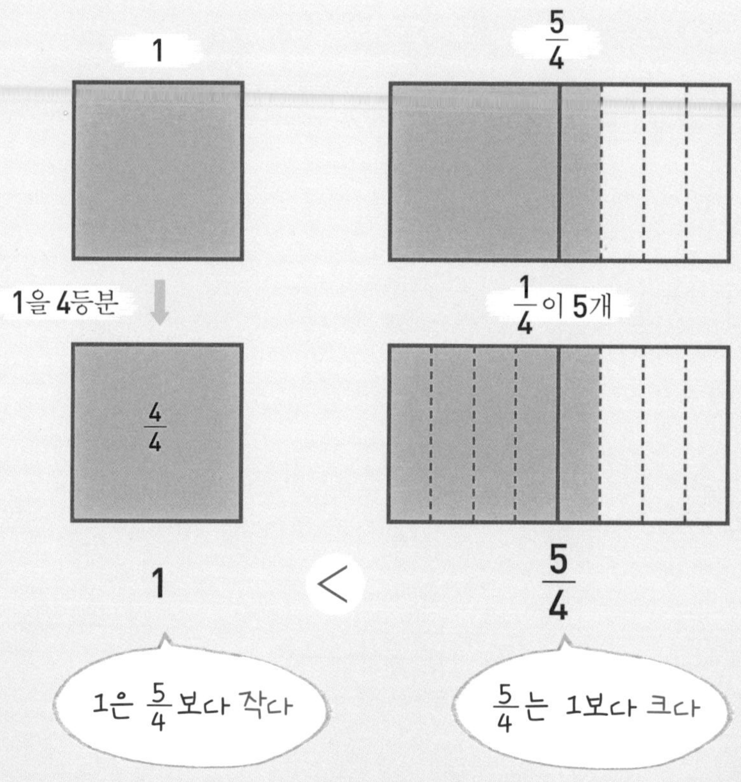

다음 $\bigcirc$ 안에 >, <, =를 알맞게 써 넣으세요.

① $\frac{4}{3}$ $\bigcirc$ $\frac{3}{4}$

② $\frac{7}{4}$ $\bigcirc$ 1

③ $\frac{8}{5}$ $\bigcirc$ $\frac{5}{5}$

④ $\frac{6}{6}$ $\bigcirc$ $\frac{13}{6}$

⑤ 3 $\bigcirc$ $\frac{3}{7}$

⑥ $\frac{1}{7}$ $\bigcirc$ $\frac{10}{7}$

⑦ $\frac{16}{8}$ $\bigcirc$ $\frac{8}{8}$

⑧ $\frac{3}{9}$ $\bigcirc$ 1

⑨ $\frac{7}{7}$ $\bigcirc$ $\frac{14}{14}$

⑩ 3 $\bigcirc$ $\frac{16}{8}$

⑪ $\frac{12}{12}$ $\bigcirc$ $\frac{100}{100}$

⑫ 5 $\bigcirc$ $\frac{25}{5}$

어느 분수가 더 클까?

(4) 가분수와 대분수

예시문제

두 분수의 크기를 비교하여 ◯ 안에 >, <를 알맞게 써 넣으세요.

$$2\frac{1}{4} \bigcirc \frac{21}{4}$$

비교하는 두 분수의 모양이 다를 때는 둘 다 가분수로 만들거나
둘 다 대분수로 만들면 쉽습니다.

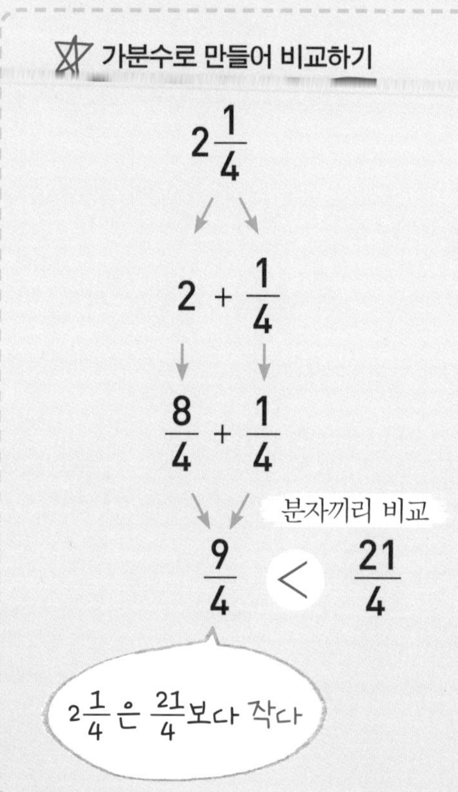

대분수로 만들어 비교하기

$$\frac{21}{4}$$

$$\frac{20}{4} + \frac{1}{4}$$

$$5 + \frac{1}{4}$$

자연수끼리 비교

$$2\frac{1}{4} < 5\frac{1}{4}$$

$\frac{21}{4}$은 $2\frac{1}{4}$보다 크다

어느 분수가 더 클까?

다음 ● 안에 >, <, =를 알맞게 써 넣으세요.

① $1\frac{2}{3}$ ● $\frac{7}{3}$

② $3\frac{1}{3}$ ● $\frac{10}{3}$

③ $2\frac{2}{5}$ ● $\frac{13}{5}$

④ $3\frac{5}{6}$ ● $\frac{22}{6}$

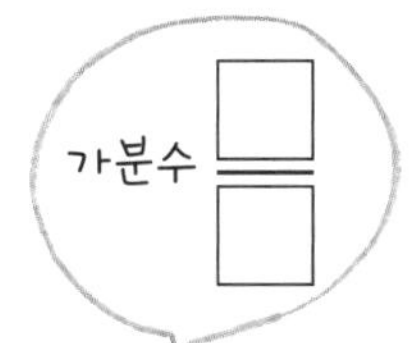

⑤ $4\frac{3}{4}$ ● $\frac{15}{4}$

가분수

⑥ $5\frac{1}{5}$ ● $\frac{30}{5}$

어느 분수가 더 클까?

다음 ○ 안에 >, <, =를 알맞게 써 넣으세요.

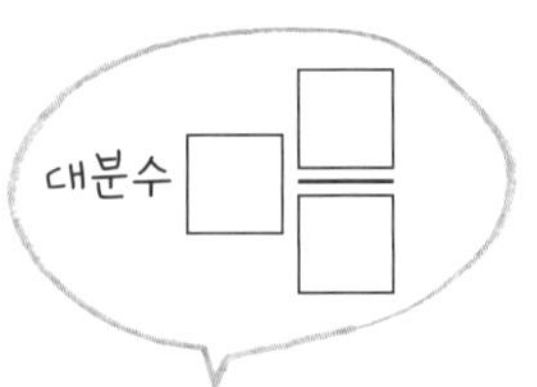

① $\frac{9}{4}$ ○ $1\frac{3}{4}$

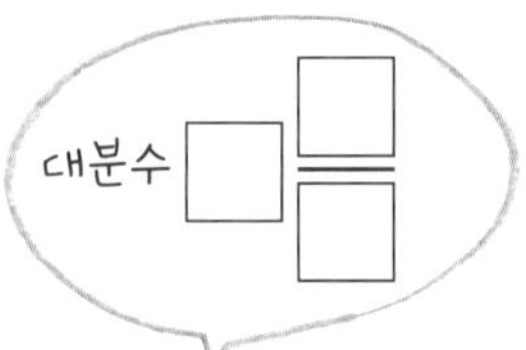

② $\frac{12}{5}$ ○ $1\frac{2}{5}$

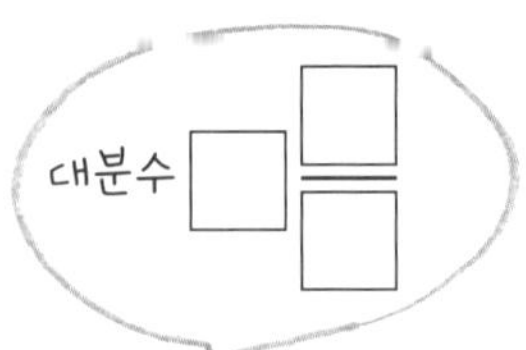

③ $\frac{19}{6}$ ○ $3\frac{2}{6}$

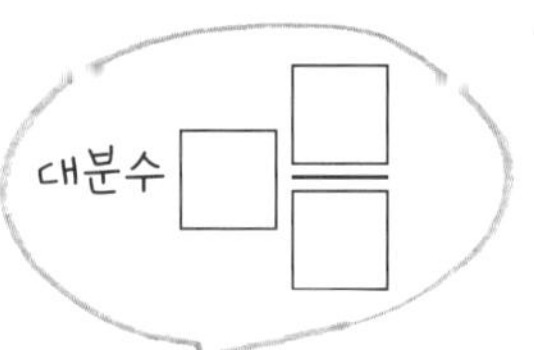

④ $\frac{30}{7}$ ○ $4\frac{1}{7}$

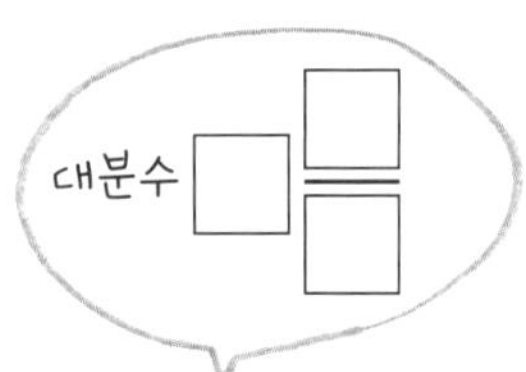

⑤ $\frac{41}{8}$ ○ $4\frac{1}{8}$

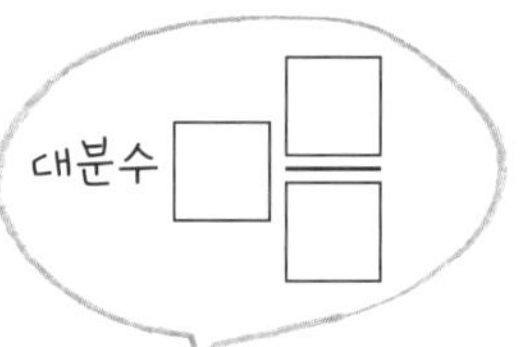

⑥ $\frac{31}{9}$  $3\frac{1}{9}$

어느 분수가 더 클까?

다음 ● 안에 >, <, =를 알맞게 써 넣으세요.

① 3 ● $\frac{20}{7}$

② $3\frac{1}{7}$ ● $3\frac{4}{7}$

③ $4\frac{3}{8}$ ● $4\frac{5}{8}$

④ $5\frac{3}{8}$ ● $6\frac{3}{8}$

⑤ $7\frac{7}{9}$ ● $6\frac{3}{9}$

⑥ $5\frac{4}{9}$ ● $4\frac{3}{8}$

⑦ 5 ● $\frac{31}{5}$

⑧ $2\frac{2}{3}$ ● $\frac{8}{3}$

⑨ $1\frac{2}{5}$ ● $\frac{6}{5}$

⑩ $\frac{7}{6}$ ● $1\frac{5}{6}$

⑪ $\frac{10}{3}$ ● $3\frac{1}{3}$

⑫ $10\frac{5}{12}$ ● $11\frac{77}{100}$

어느 분수가 더 클까?

다음 ○ 안에 >, <, =를 알맞게 써 넣으세요.

① 4 ○ 5 ② $4\frac{4}{7}$ ○ $5\frac{1}{8}$

③ $3\frac{1}{8}$ ○ $2\frac{3}{8}$ ④ $3\frac{1}{8}$ ○ $3\frac{2}{8}$

⑤ $5\frac{4}{6}$ ○ $6\frac{1}{6}$ ⑥ $5\frac{4}{6}$ ○ $6\frac{5}{6}$

⑦ 6 ○ $\frac{31}{5}$ ⑧ $12\frac{5}{12}$ ○ $11\frac{77}{100}$

⑨ $\frac{63}{10}$ ○ $6\frac{3}{10}$ ⑩ $\frac{87}{10}$ ○ $8\frac{7}{10}$

⑪ $12\frac{3}{12}$ ○ $13\frac{2}{12}$ ⑫ 100 ○ $99\frac{99}{100}$

자연수의 분수는 얼마일까?

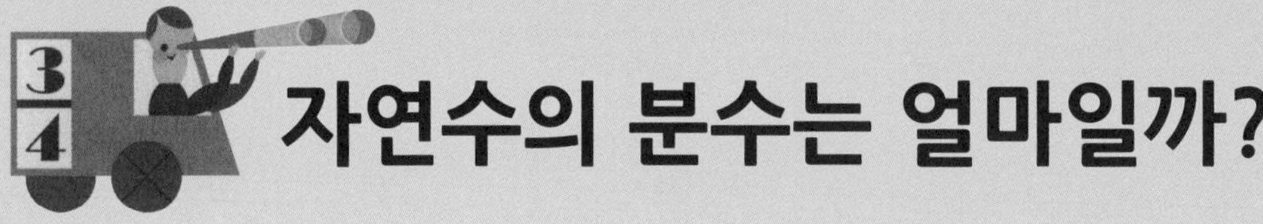

자연수의 분수는 얼마일까?

(1) 어떤 수의 $\frac{1}{2}$ 구하기

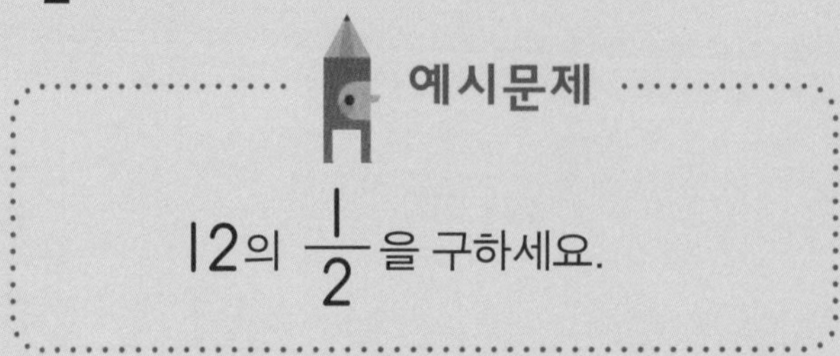

정사각형을 그려서 다음 순서대로 따라 하면 쉽게 구할 수 있습니다.

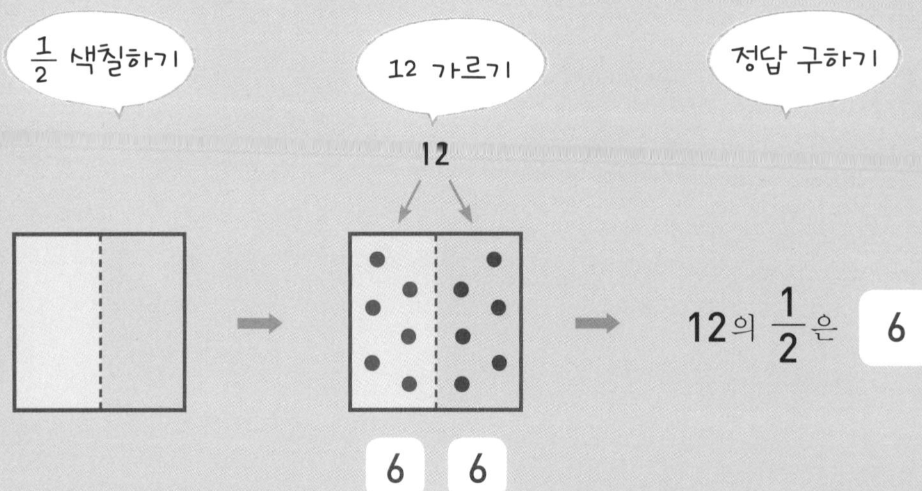

핵심 포인트 구슬 12개를 정사각형의 두 칸에 똑같이 덜어 냅니다. 그 다음, 정사각형의 $\frac{1}{2}$에 들어 있는 구슬의 수를 세면 됩니다.

정사각형을 나누어 분수만큼 색칠을 한 다음, ◯와 ▇에 알맞은 수를 쓰세요.

① 8의 $\frac{1}{2}$을 구하세요.

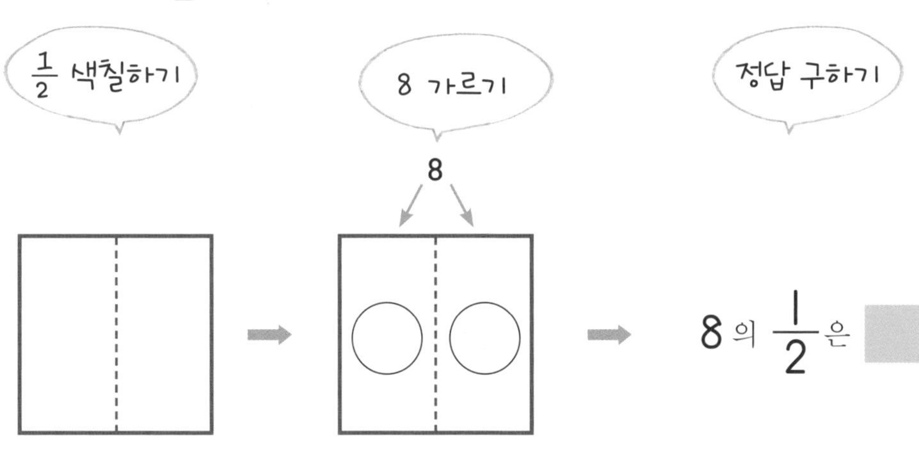

② 18의 $\frac{1}{2}$을 구하세요.

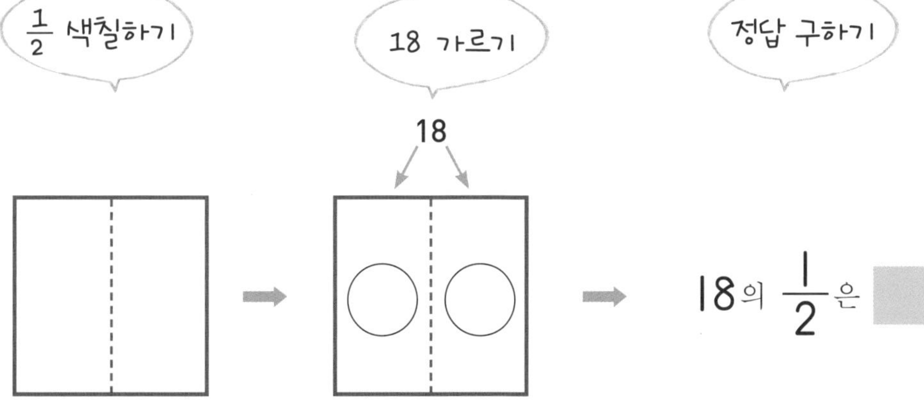

자연수의 분수는 얼마일까?

정사각형을 나누어 분수만큼 색칠을 한 다음, ◯와 ▇에 알맞은 수를 쓰세요.

① 30의 $\frac{1}{2}$을 구하세요.

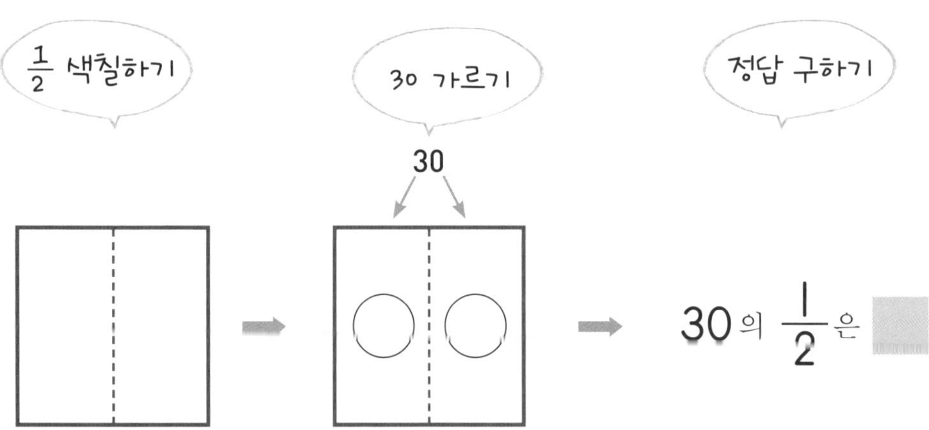

② 34의 $\frac{1}{2}$을 구하세요.

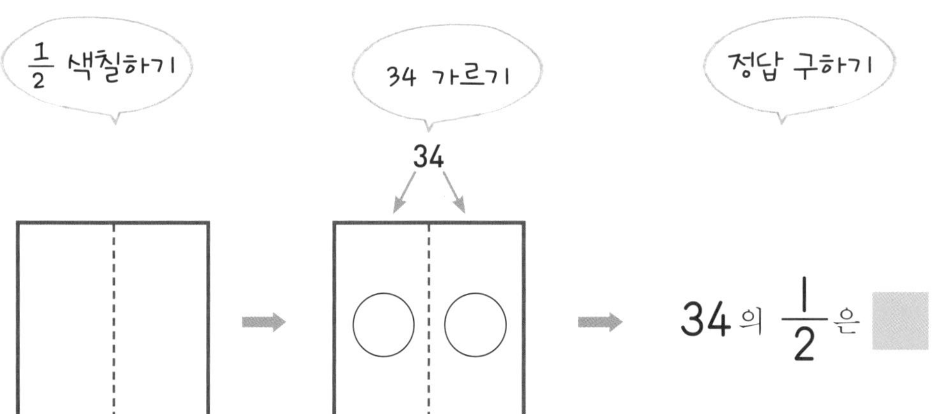

정사각형을 나누어 분수만큼 색칠을 한 다음, ◯와 ■에 알맞은 수를 쓰세요.

① 30 의 $\frac{1}{3}$ 을 구하세요.

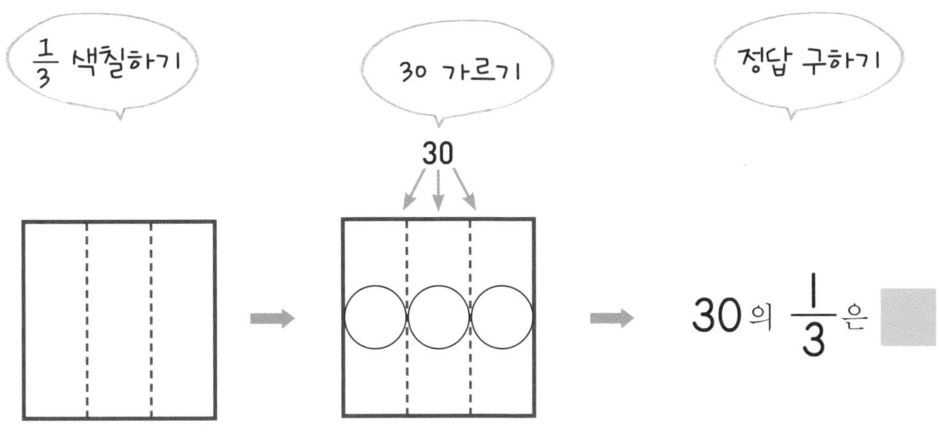

② 36 의 $\frac{1}{3}$ 을 구하세요.

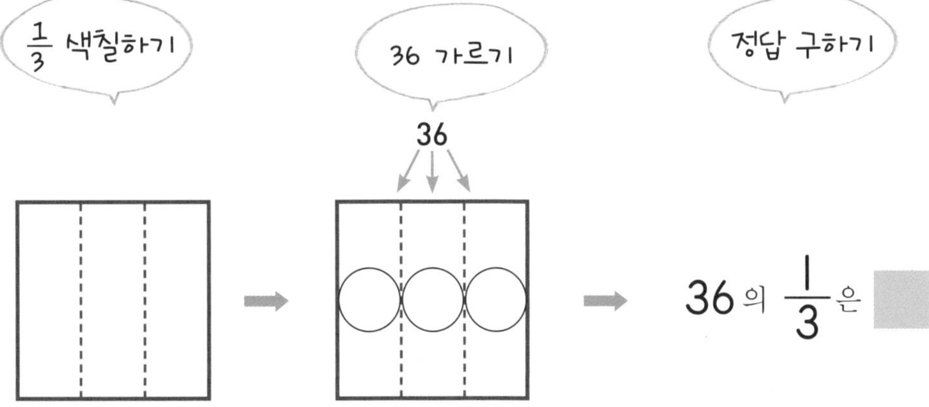

자연수의 분수는 얼마일까?

(2) 어떤 수의 $\frac{2}{3}$ 구하기

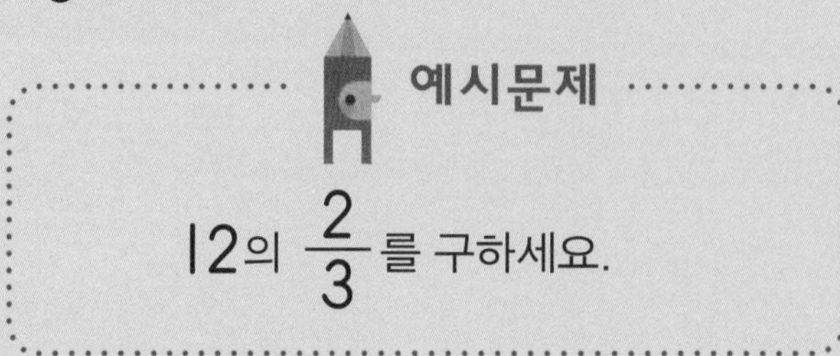

12의 $\frac{2}{3}$를 구하세요.

정사각형을 그려서 다음 순서대로 따라 하면 쉽게 구할 수 있습니다.

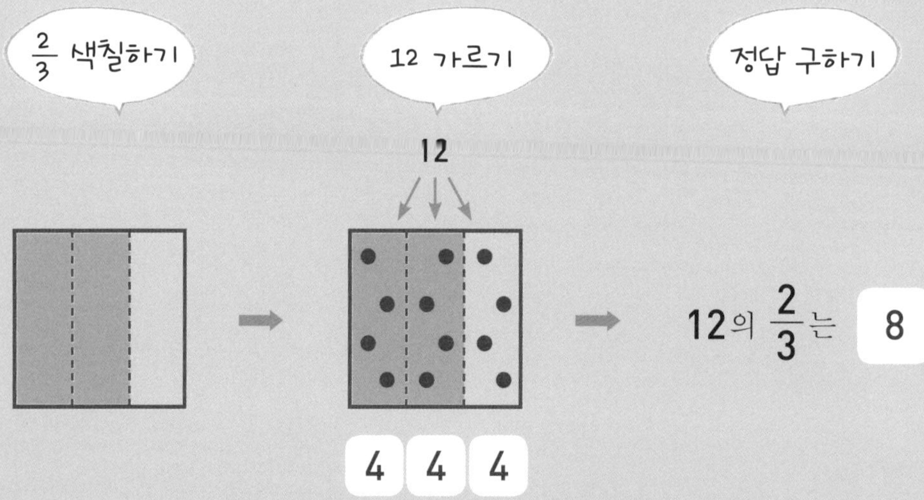

핵심 포인트 구슬 12개를 정사각형의 세 칸에 똑같이 덜어 냅니다. 그 다음, 정사각형의 $\frac{2}{3}$에 들어 있는 구슬의 수를 세면 됩니다.

정사각형을 나누어 분수만큼 색칠을 한 다음, ■에 알맞은 수를 쓰세요.

① 9의 $\frac{1}{3}$을 구하세요.

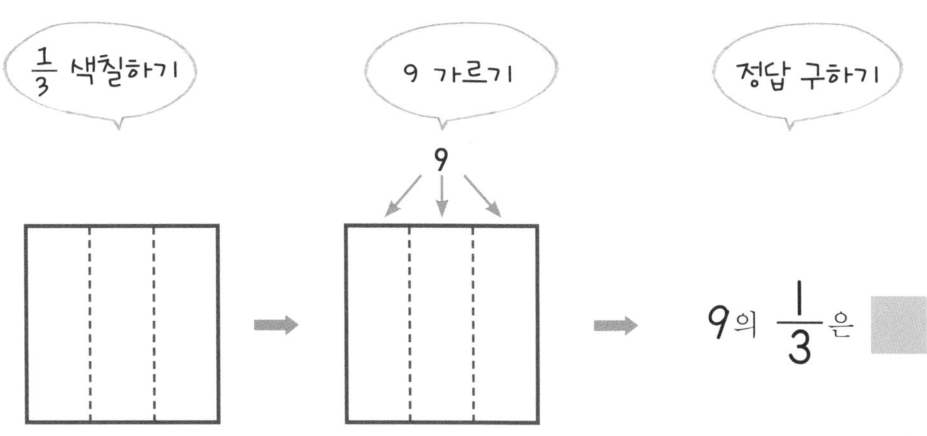

② 9의 $\frac{2}{3}$를 구하세요.

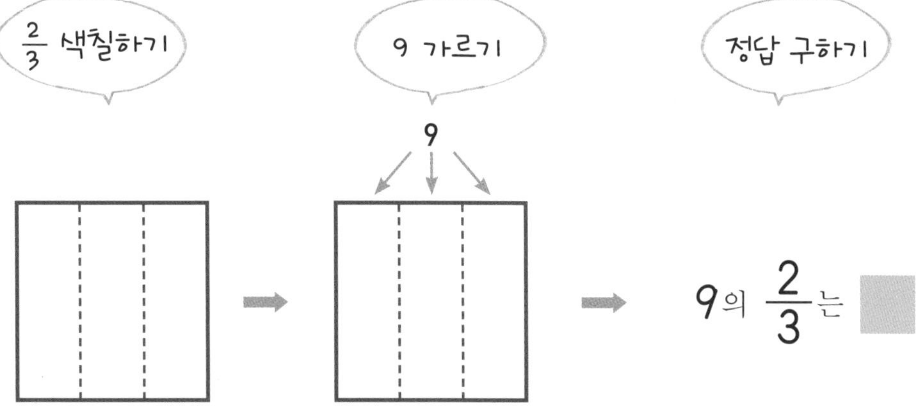

자연수의 분수는 얼마일까?

정사각형을 나누어 분수만큼 색칠을 한 다음, ▒에 알맞은 수를 쓰세요.

① 16의 $\frac{1}{4}$을 구하세요.

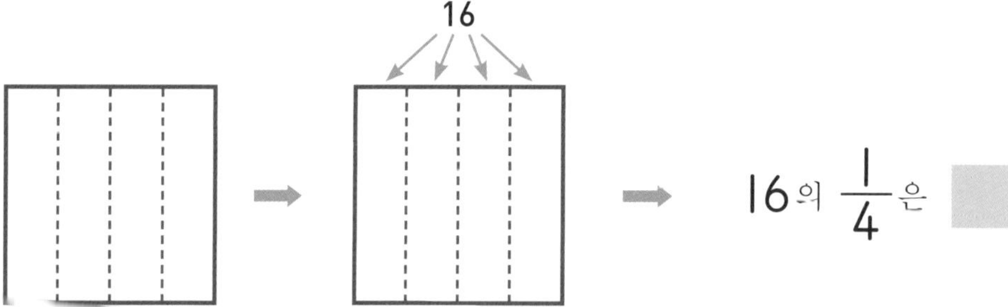

② 16의 $\frac{3}{4}$을 구하세요.

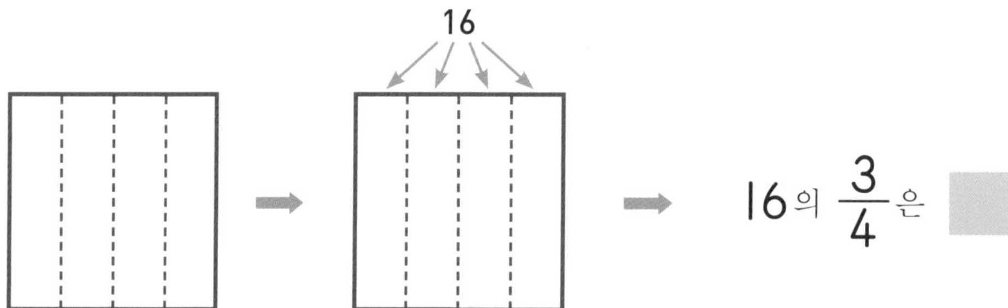

정사각형을 나누어 분수만큼 색칠을 한 다음, ■에 알맞은 수를 쓰세요.

① 20의 $\frac{3}{4}$을 구하세요.

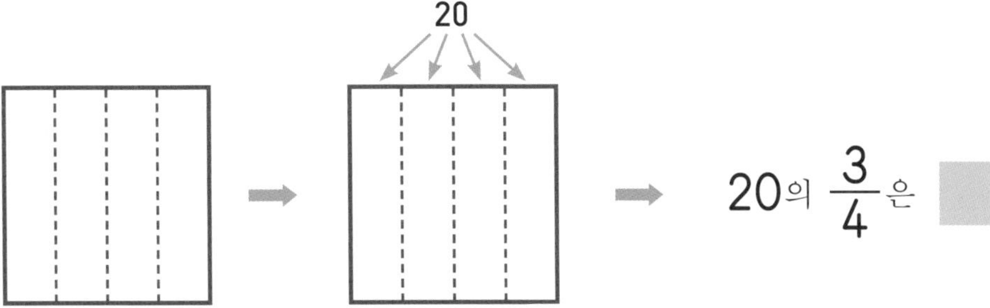

② 20의 $\frac{3}{5}$을 구하세요.

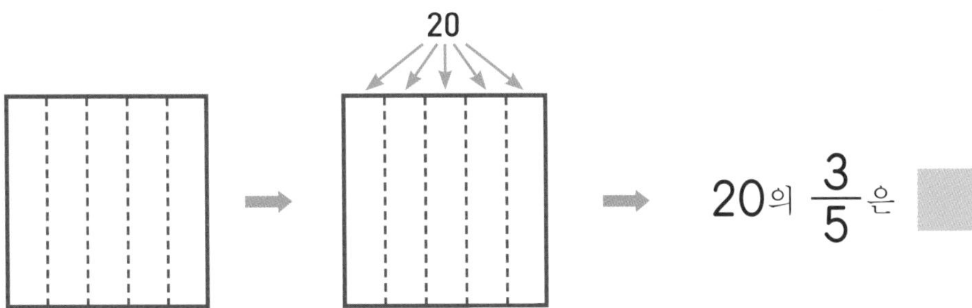

자연수의 분수는 얼마일까?

정사각형에 분수만큼 색칠을 한 다음, ▢에 알맞은 수를 쓰세요.

① 10의 $\frac{1}{2}$은 ▢ 입니다.

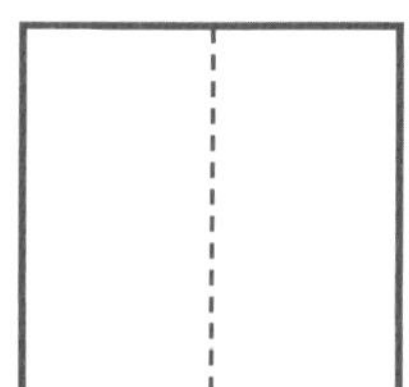

② 6의 $\frac{2}{3}$는 ▢ 입니다.

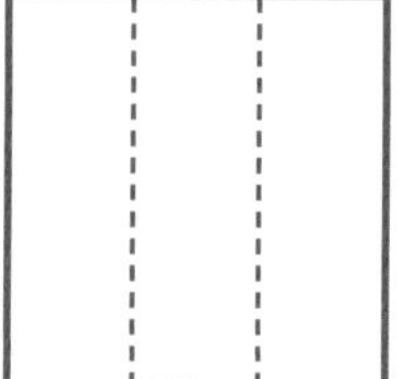

③ 8의 $\frac{1}{2}$은 ▢ 입니다.

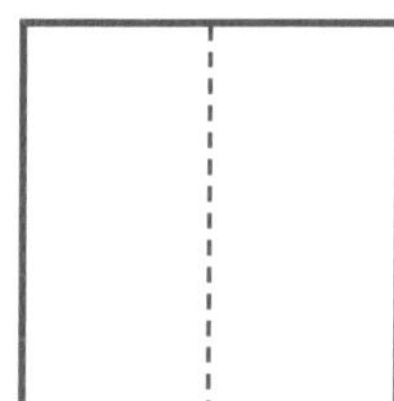

④ 8의 $\frac{1}{4}$은 ▢ 입니다.

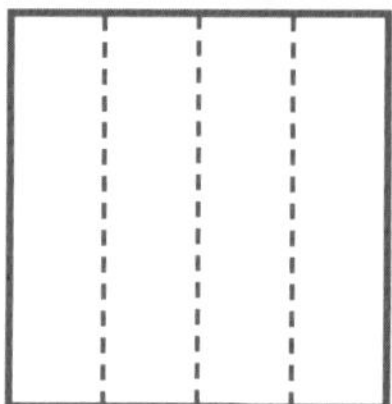

⑤ 8의 $\frac{3}{4}$은 ▢ 입니다.

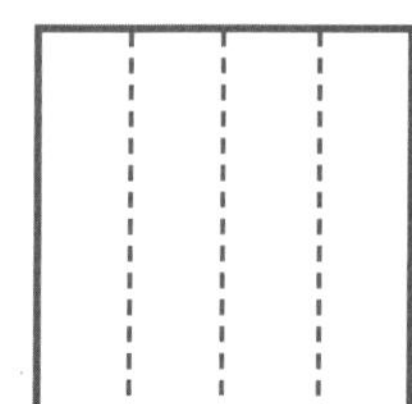

⑥ 10의 $\frac{4}{5}$는 ▢ 입니다.

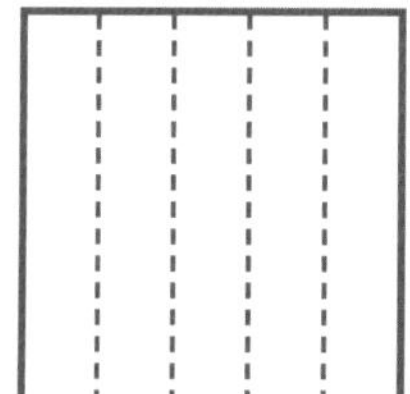

정사각형에 분수만큼 색칠을 한 다음, ▢에 알맞은 수를 쓰세요.

① 15의 $\frac{3}{5}$은 ▢ 입니다.

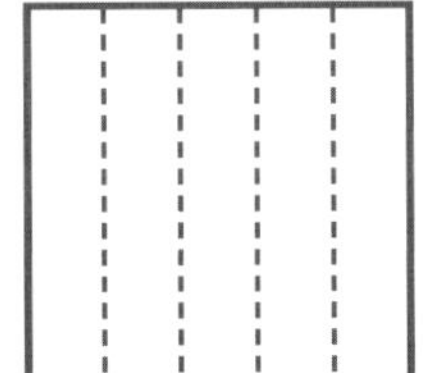

② 18의 $\frac{7}{9}$은 ▢ 입니다.

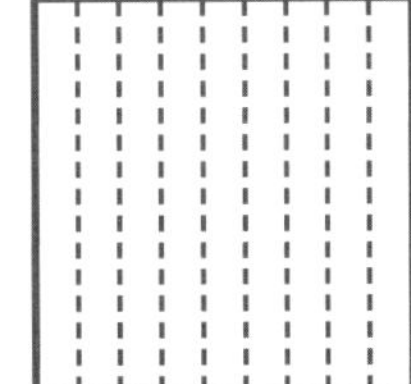

③ 15의 $\frac{2}{3}$는 ▢ 입니다.

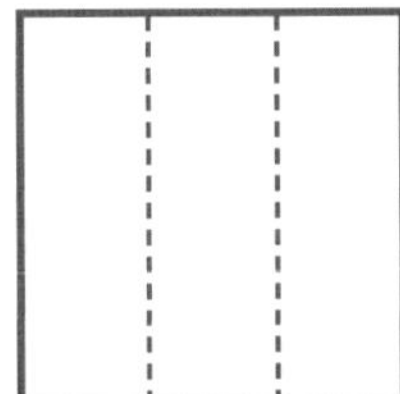

④ 18의 $\frac{4}{6}$는 ▢ 입니다.

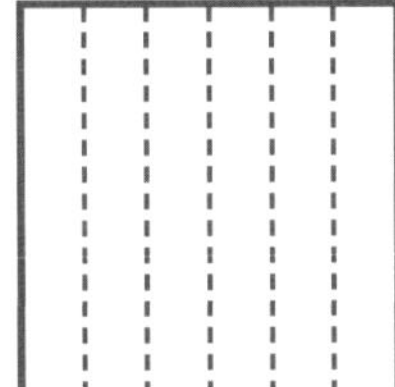

⑤ 24의 $\frac{5}{6}$는 ▢ 입니다.

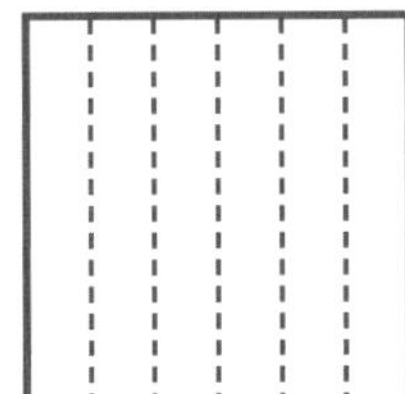

⑥ 36의 $\frac{5}{6}$는 ▢ 입니다.

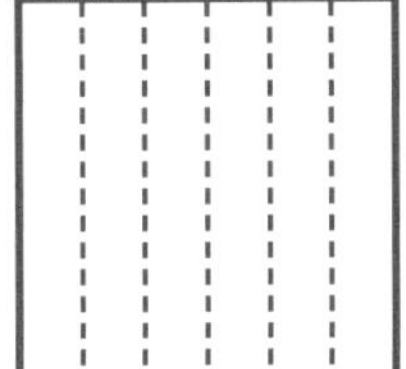

자연수의 분수는 얼마일까?

정사각형에 분수만큼 색칠을 한 다음, ▢에 알맞은 수를 쓰세요.

① 42의 $\frac{5}{6}$는 ▢ 입니다.

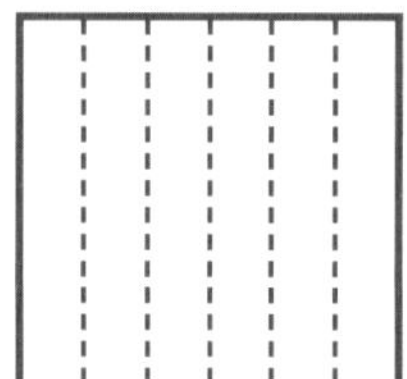

② 36의 $\frac{13}{18}$은 ▢ 입니다.

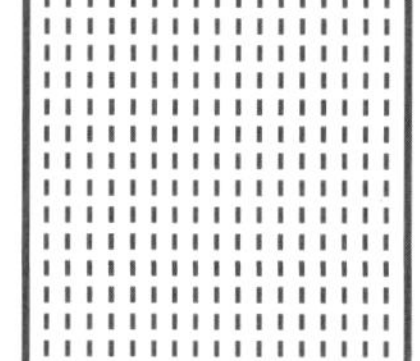

③ 42의 $\frac{2}{3}$는 ▢ 입니다.

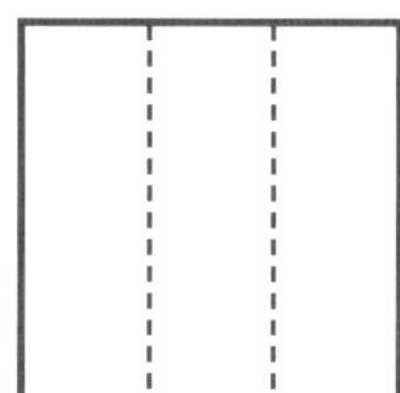

④ 36의 $\frac{1}{6}$은 ▢ 입니다.

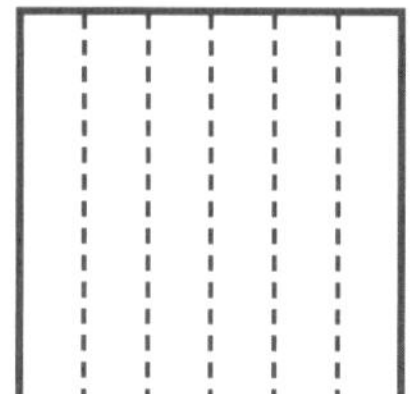

⑤ 50의 $\frac{4}{5}$는 ▢ 입니다.

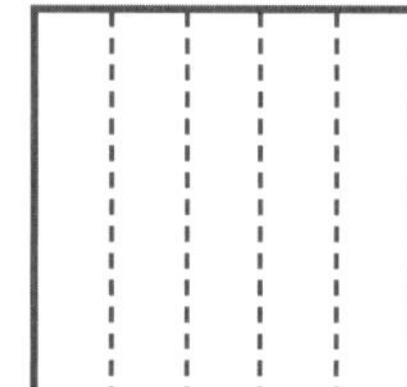

⑥ 50의 $\frac{4}{10}$는 ▢ 입니다.

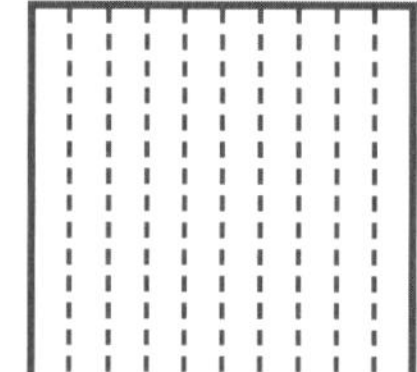

부분은 전체의 얼마일까?

부분은 전체의 얼마일까?

(1) 6은 12의 얼마입니까?

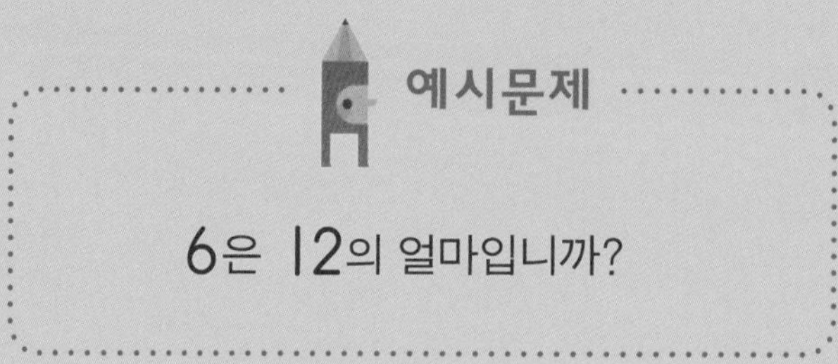

정사각형을 그려서 다음 순서대로 따라 하면 쉽게 구할 수 있습니다.

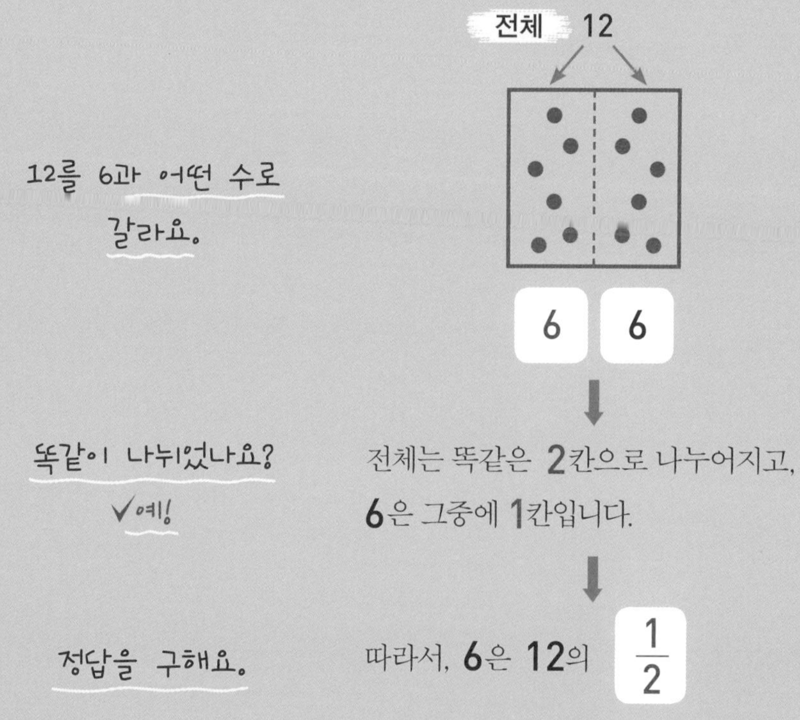

핵심 포인트 문제에서 '6이 12의 얼마인지'를 물었기 때문에 둘 중 큰 수인 12를 작은 수인 6으로 가른 것입니다. 만약 '6이 18의 얼마인지'를 물었다면 큰 수인 18을 작은 수인 6으로 가르고, '3이 12의 얼마인지'를 물었다면 둘 중 큰 수인 12를 3으로 가르면 됩니다.

부분은 전체의 얼마일까?

정사각형을 나눈 다음 부분은 전체의 얼마인지 ▢ 안에 쓰세요.

① 9는 18의 얼마입니까?

9는 18의 $\frac{\square}{\square}$

② 5는 10의 얼마입니까?

5는 10의 $\frac{\square}{\square}$

③ 7은 14의 얼마입니까?

7은 14의 $\frac{\square}{\square}$

④ 12는 24의 얼마입니까?

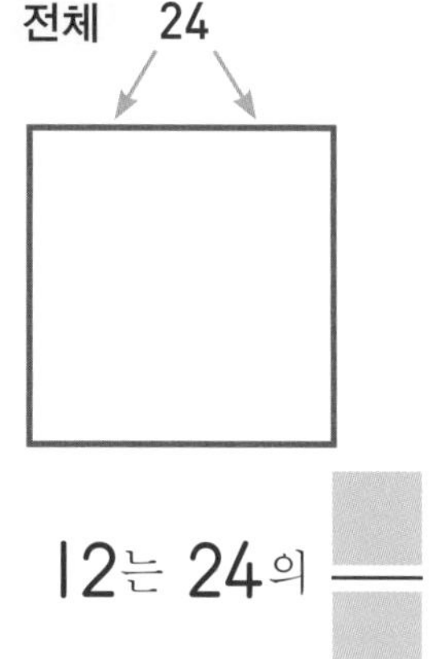

12는 24의 $\frac{\square}{\square}$

부분은 전체의 얼마일까?

정사각형을 나눈 다음 부분은 전체의 얼마인지 ▨ 안에 쓰세요.

① 11은 22의 얼마입니까?

② 15는 30의 얼마입니까?

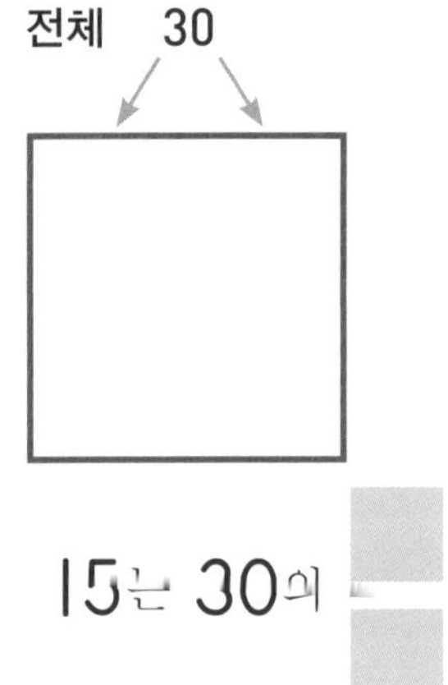

③ 13은 26의 얼마입니까?

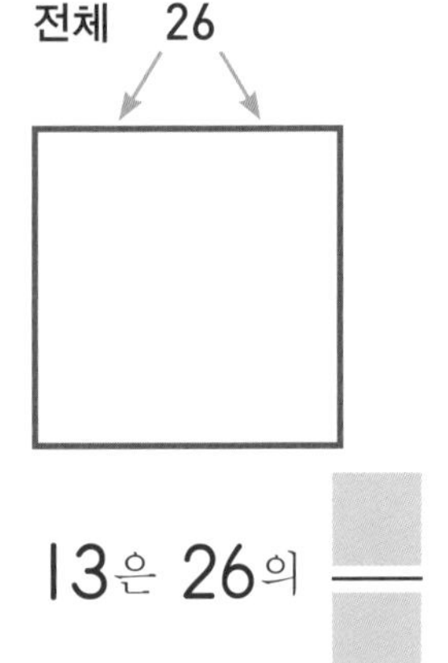

④ 18은 36의 얼마입니까?

부분은 전체의 얼마일까?

정사각형에 그림을 그린 다음, ▭ 안에 알맞은 수를 쓰세요.

① 24는 48의 $\frac{\square}{\square}$ 입니다.

② 17은 34의 $\frac{\square}{\square}$ 입니다.

③ 28은 56의 $\frac{\square}{\square}$ 입니다.

④ 50은 100의 $\frac{\square}{\square}$ 입니다.

⑤ 112는 224의 $\frac{\square}{\square}$ 입니다.

⑥ 120은 240의 $\frac{\square}{\square}$ 입니다.

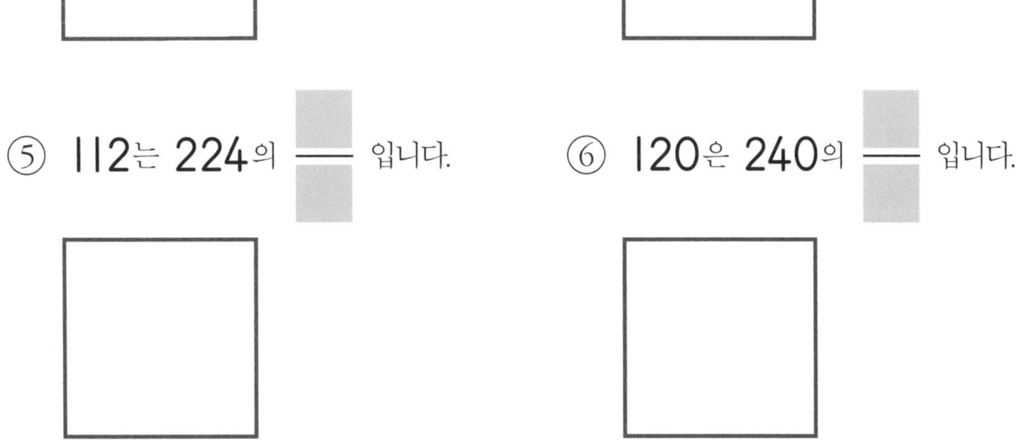

부분은 전체의 얼마일까?

(2) 6은 18의 얼마입니까?

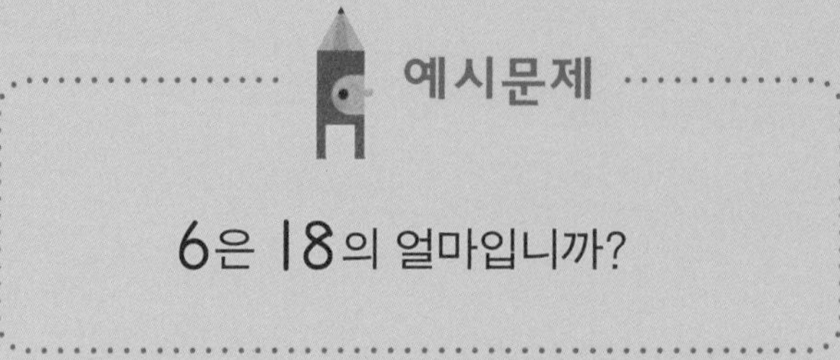

정사각형 그림을 이용하여 알아봅시다.

18를 6과 12로 갈라요.

똑같이 나뉘었나요?

✓아니오!

12를 6과 6으로 갈라요.

똑같이 나뉘었나요?

✓예!

정답을 구해요.

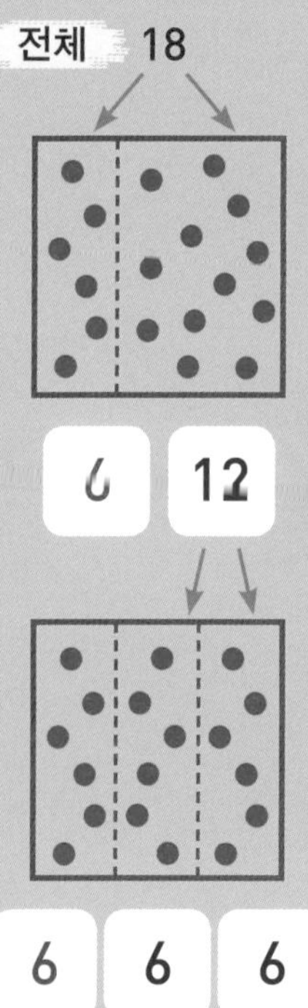

6은 전체 3칸 중에서 1칸이에요.

따라서, 6은 18의 $\frac{1}{3}$

핵심 포인트 갈라진 두 수 중에서 큰 수를 작은 수로 가르는 과정을 계속하다가 모두 똑같은 수로 갈라졌을 때 멈추면 됩니다.

부분은 전체의 얼마일까?

도전문제(1)

정사각형 그림을 이용해서 다음을 알아보려고 합니다. 정사각형을 나누어 분수만큼 색칠한 다음, 빈칸에 알맞은 수를 쓰세요.

① 4는 12의 얼마입니까?

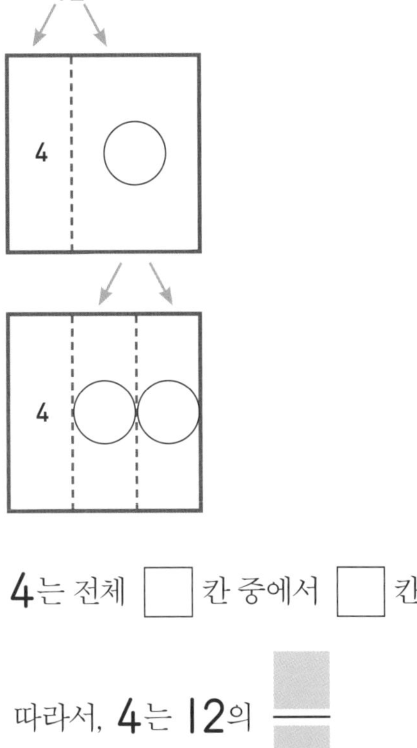

4는 전체 □ 칸 중에서 □ 칸

따라서, 4는 12의 $\frac{□}{□}$

② 5는 15의 얼마입니까?

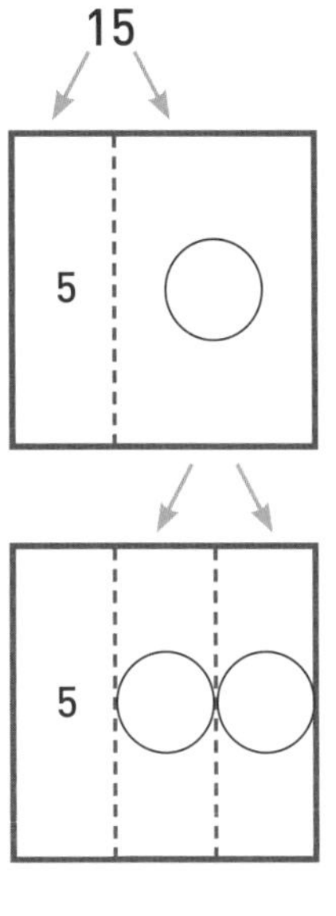

5는 전체 □ 칸 중에서 □ 칸

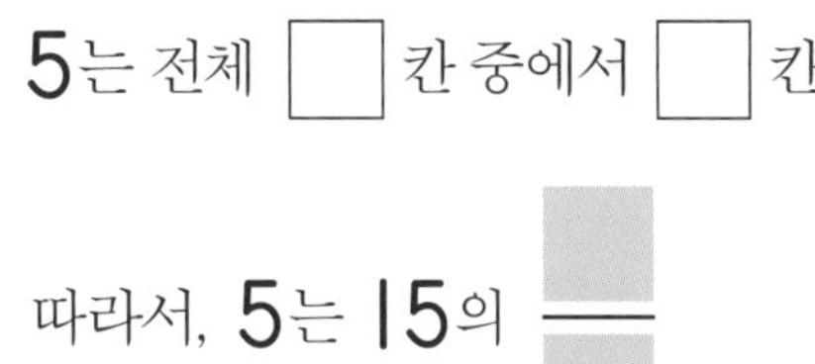

따라서, 5는 15의 $\frac{□}{□}$

부분은 전체의 얼마일까?

정사각형 그림을 이용해서 다음을 알아보려고 합니다. 정사각형을 나누어 분수만큼 색칠한 다음, 빈칸에 알맞은 수를 쓰세요.

① 10은 30의 얼마입니까?

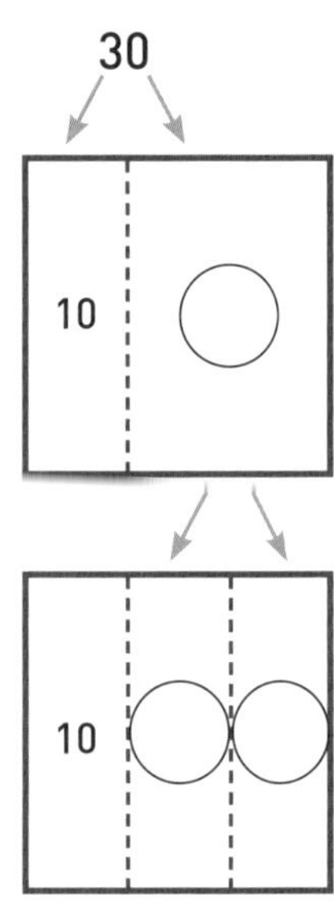

10은 전체 ☐ 칸 중에서 ☐ 칸

따라서, 10은 30의 $\frac{\square}{\square}$

② 15는 45의 얼마입니까?

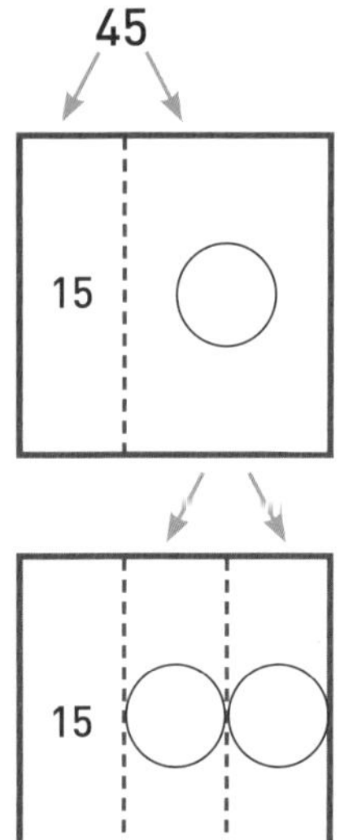

15는 전체 ☐ 칸 중에서 ☐ 칸

따라서, 15는 45의 $\frac{\square}{\square}$

정사각형을 똑같이 나눈 다음, ■ 안에 알맞은 수를 쓰세요.

① 7은 21의 $\frac{□}{□}$ 입니다.

② 12는 24의 $\frac{□}{□}$ 입니다.

③ 12는 36의 $\frac{□}{□}$ 입니다.

④ 13은 39의 $\frac{□}{□}$ 입니다.

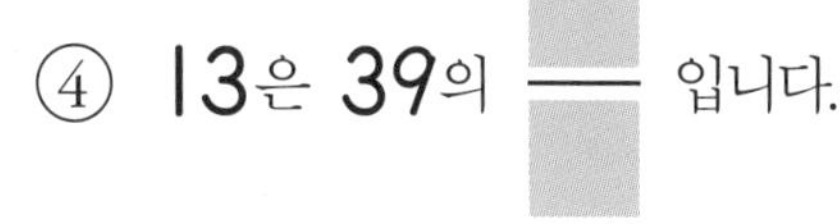

⑤ 18은 54의 $\frac{□}{□}$ 입니다.

⑥ 25는 75의 $\frac{□}{□}$ 입니다.

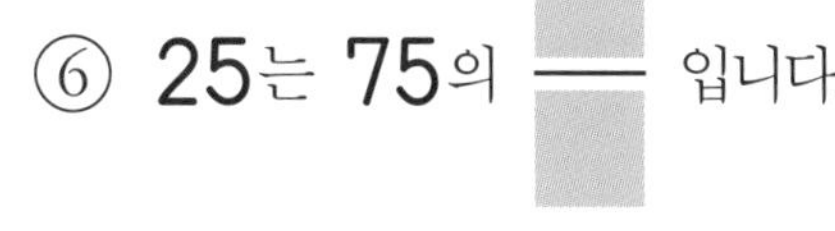

부분은 전체의 얼마일까?

(3) 가르기를 여러 번 해야 하는 경우

6은 15의 얼마입니까?

정사각형 그림을 이용하여 알아봅시다.

15를 6과 9로 갈라요.

똑같이 나뉘었나요?

✓아니오!

9를 6과 3으로 갈라요.

똑같이 나뉘었나요?

✓아니오!

모두 3으로 갈라 보세요.

똑같이 나뉘었나요?

✓예!

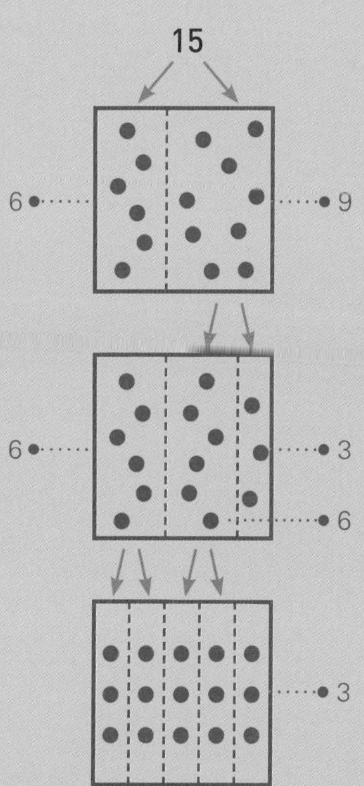

칸 수를 세요. **6**은 전체 **5**칸 중에서 **2**칸이에요.

정답을 구해요. 따라서, **6**은 **15**의 $\frac{2}{5}$

부분은 전체의 얼마일까?

정사각형 그림을 이용해 부분은 전체의 얼마인지 알아보세요.

① 12는 18의 얼마입니까?

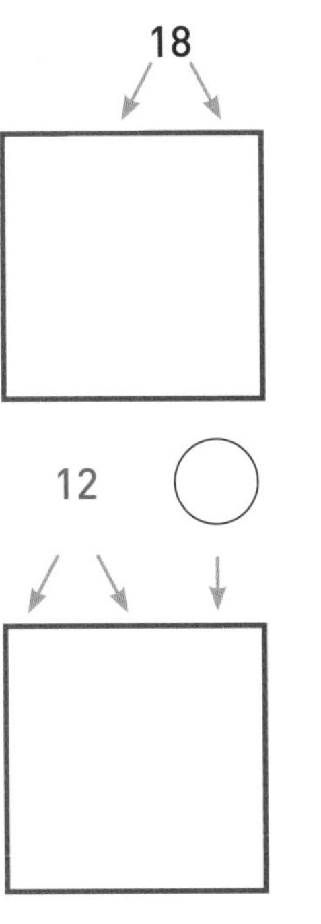

12는 전체 ☐ 칸 중에서 ☐ 칸

따라서, 12는 18의 $\frac{\square}{\square}$

② 15는 18의 얼마입니까?

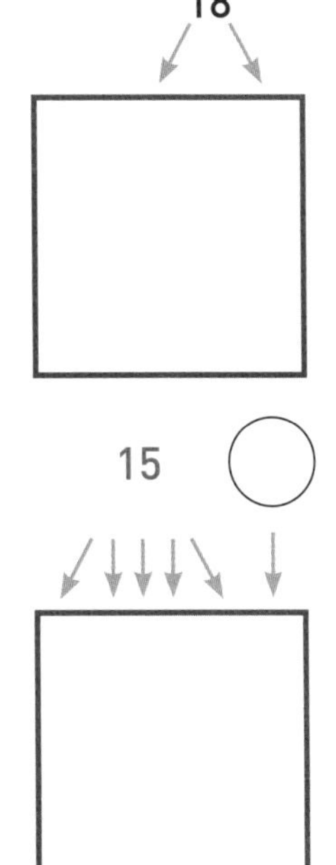

15는 전체 ☐ 칸 중에서 ☐ 칸

따라서, 15는 18의 $\frac{\square}{\square}$

부분은 전체의 얼마일까?

정사각형 그림을 이용해 부분은 전체의 얼마인지 알아보세요.

① 4는 10의 얼마입니까?

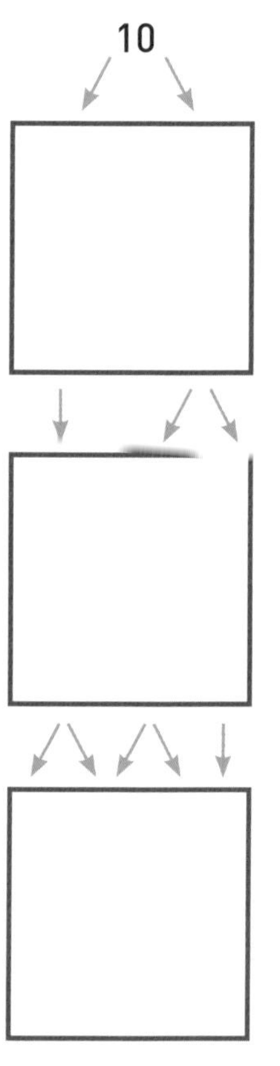

4는 전체 ☐ 칸 중에서 ☐ 칸

따라서, 4는 10의 $\frac{\square}{\square}$

② 8은 18의 얼마입니까?

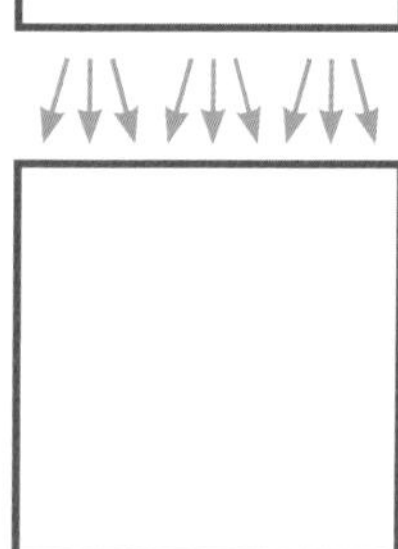

8은 전체 ☐ 칸 중에서 ☐ 칸

따라서, 8은 18의 $\frac{\square}{\square}$

부분은 전체의 얼마일까?

정사각형 그림을 이용해 부분은 전체의 얼마인지 알아보세요.

① 12는 20의 얼마입니까?

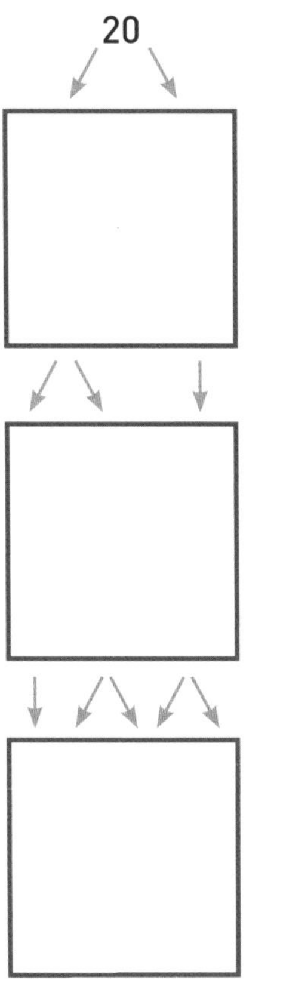

12는 전체 □ 칸 중에서 □ 칸

따라서, 12는 20의 $\frac{\square}{\square}$

② 15는 24의 얼마입니까?

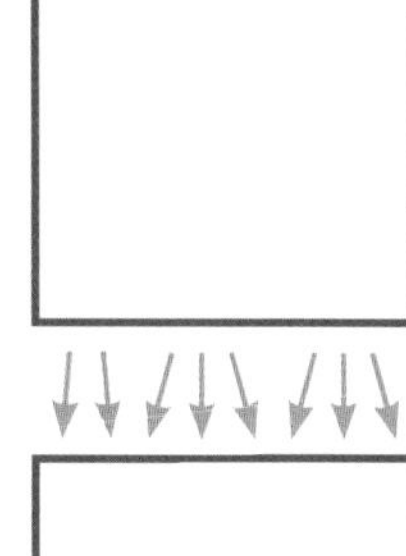

15는 전체 □ 칸 중에서 □ 칸

따라서, 15는 24의 $\frac{\square}{\square}$

부분은 전체의 얼마일까?

다음 □ 안에 알맞은 수를 쓰세요.

① 10은 16의 $\frac{\square}{\square}$ 입니다.

② 12는 16의 $\frac{\square}{\square}$ 입니다.

③ 28은 56의 $\frac{\square}{\square}$ 입니다.

④ 39는 42의 $\frac{\square}{\square}$ 입니다.

⑤ 4는 30의 $\frac{\square}{\square}$ 입니다.

⑥ 6은 36의 $\frac{\square}{\square}$ 입니다.

⑦ 4는 36의 $\frac{\square}{\square}$ 입니다.

⑧ 18은 105의 $\frac{\square}{\square}$ 입니다.

부분은 전체의 얼마일까?

다음 □ 안에 알맞은 수를 쓰세요.

6은 16의 얼마일까?

① 16의 $\frac{\square}{\square}$ 은(는) 6입니다.

6은 10의 얼마일까?

② 10의 $\frac{\square}{\square}$ 은(는) 6입니다.

6은 24의 얼마일까?

③ 24의 $\frac{\square}{\square}$ 은(는) 6입니다.

8은 20의 얼마일까?

④ 20의 $\frac{\square}{\square}$ 은(는) 8입니다.

18은 30의 얼마일까?

⑤ 30의 $\frac{\square}{\square}$ 은(는) 18입니다.

10은 30의 얼마일까?

⑥ 30의 $\frac{\square}{\square}$ 은(는) 10입니다.

50은 100의 얼마일까?

⑦ 100의 $\frac{\square}{\square}$ 은(는) 50입니다.

64는 100의 얼마일까?

⑧ 100의 $\frac{\square}{\square}$ 은(는) 64입니다.

부분은 전체의 얼마일까?

다음 □ 안에 알맞은 수를 쓰세요.

① 12의 $\frac{\square}{\square}$ 은(는) 9입니다.

② 12는 90의 $\frac{\square}{\square}$ 입니다.

③ 24의 $\frac{\square}{\square}$ 은(는) 15입니다.

④ 24는 150의 $\frac{\square}{\square}$ 입니다.

⑤ 36의 $\frac{\square}{\square}$ 은(는) 28입니다.

⑥ 36은 90의 $\frac{\square}{\square}$ 입니다.

⑦ 40의 $\frac{\square}{\square}$ 은(는) 35입니다.

⑧ 40은 150의 $\frac{\square}{\square}$ 입니다.

⑨ 81의 $\frac{\square}{\square}$ 은(는) 72입니다.

⑩ 81은 99의 $\frac{\square}{\square}$ 입니다.

⑪ 100의 $\frac{\square}{\square}$ 은(는) 96입니다.

⑫ 100은 124의 $\frac{\square}{\square}$ 입니다.

정답

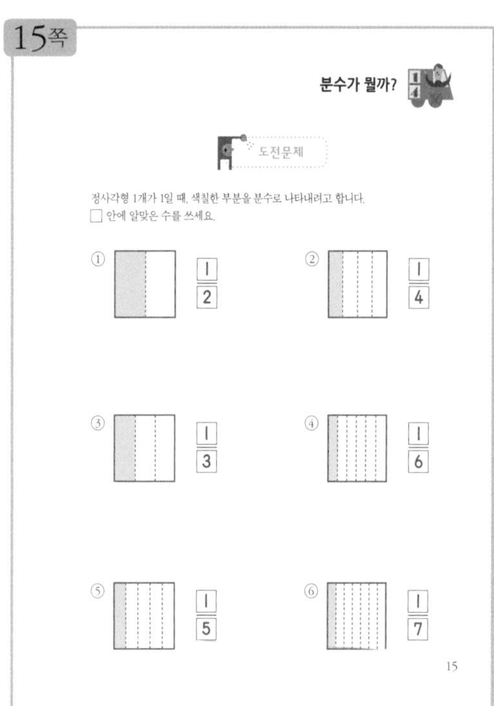
15쪽

분수가 뭘까?

도전문제

정사각형 1개가 1일 때, 색칠한 부분을 분수로 나타내려고 합니다.
□ 안에 알맞은 수를 쓰세요.

① $\frac{1}{2}$ ② $\frac{1}{4}$

③ $\frac{1}{3}$ ④ $\frac{1}{6}$

⑤ $\frac{1}{5}$ ⑥ $\frac{1}{7}$

15

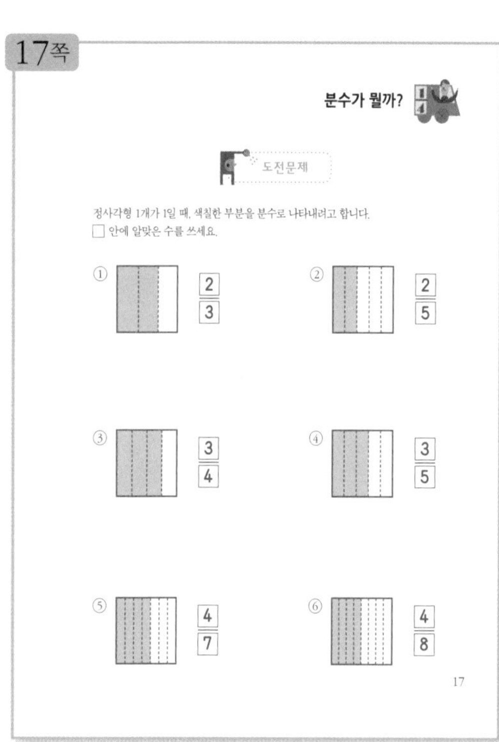
17쪽

분수가 뭘까?

도전문제

정사각형 1개가 1일 때, 색칠한 부분을 분수로 나타내려고 합니다.
□ 안에 알맞은 수를 쓰세요.

① $\frac{2}{3}$ ② $\frac{2}{5}$

③ $\frac{3}{4}$ ④ $\frac{3}{5}$

⑤ $\frac{4}{7}$ ⑥ $\frac{4}{8}$

17

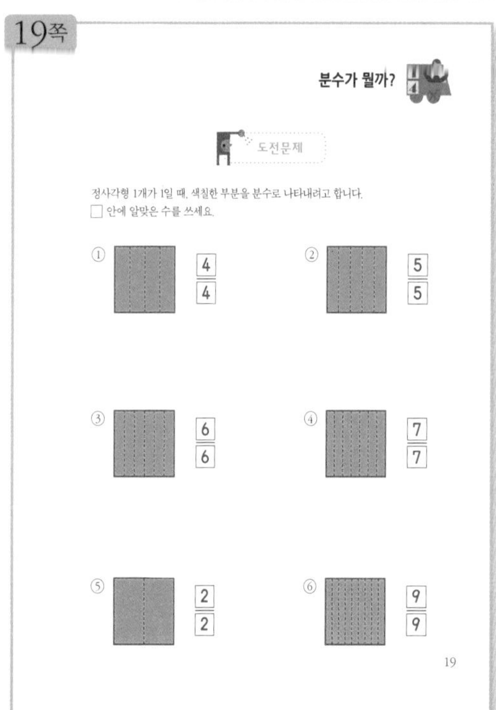
19쪽

분수가 뭘까?

도전문제

정사각형 1개가 1일 때, 색칠한 부분을 분수로 나타내려고 합니다.
□ 안에 알맞은 수를 쓰세요.

① $\frac{4}{4}$ ② $\frac{5}{5}$

③ $\frac{6}{6}$ ④ $\frac{7}{7}$

⑤ $\frac{2}{2}$ ⑥ $\frac{9}{9}$

19

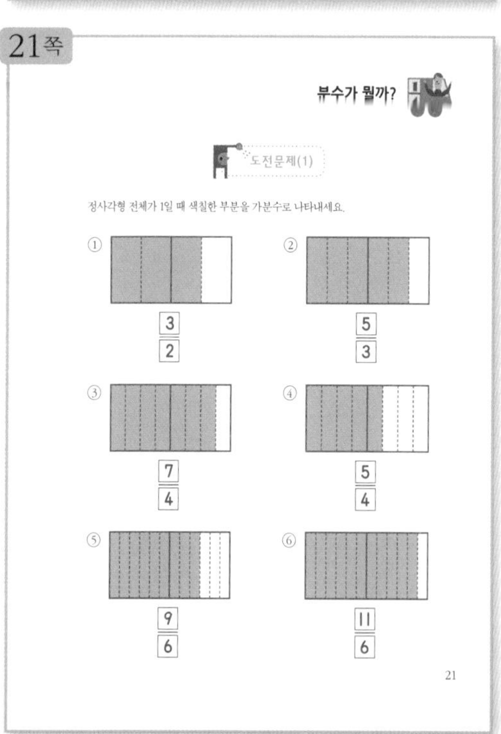
21쪽

부수가 뭘까?

도전문제(1)

정사각형 전체가 1일 때 색칠한 부분을 가분수로 나타내세요.

① $\frac{3}{2}$ ② $\frac{5}{3}$

③ $\frac{7}{4}$ ④ $\frac{5}{4}$

⑤ $\frac{9}{6}$ ⑥ $\frac{11}{6}$

21

22쪽

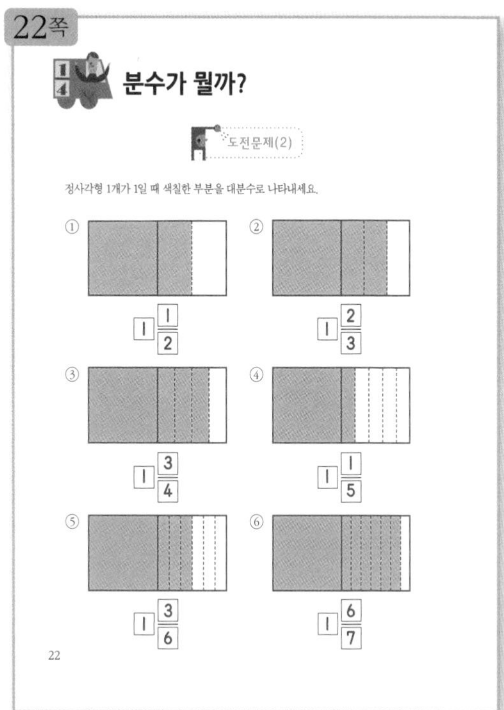

23쪽

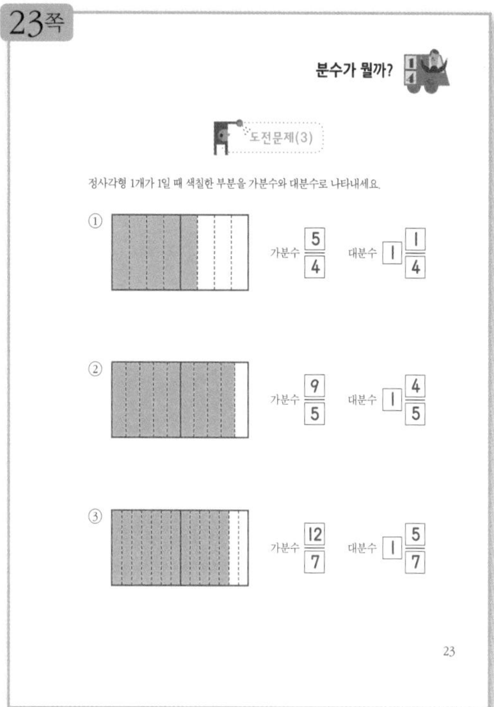

25쪽

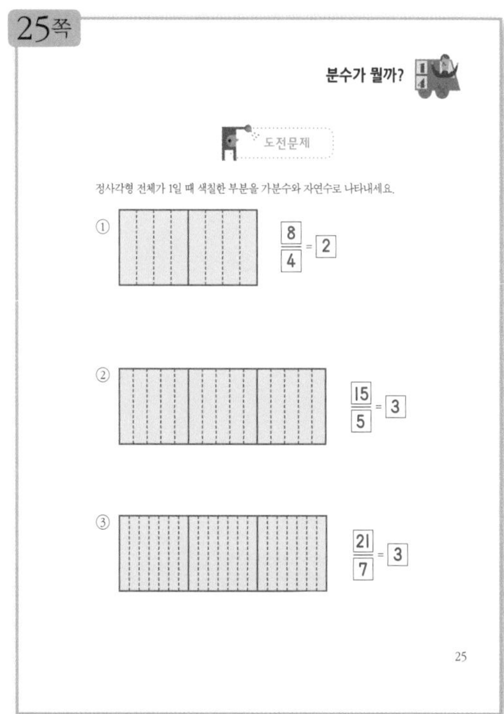

26쪽

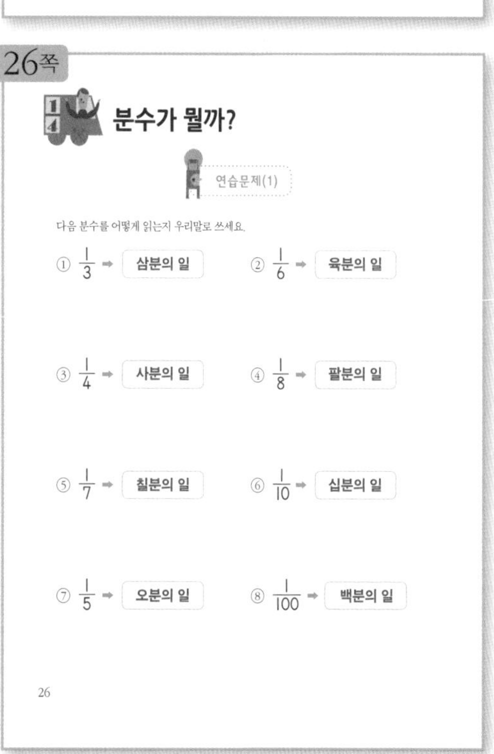

27쪽

분수가 뭘까? 

연습문제(2)

다음은 분수를 읽는 말입니다. 숫자를 써서 분수로 나타내세요.

① 이분의 일 ➡ $\frac{1}{2}$ ② 오분의 삼 ➡ $\frac{3}{5}$

③ 십이분의 칠 ➡ $\frac{7}{12}$ ④ 구분의 구 ➡ $\frac{9}{9}$

⑤ 육십분의 삼십 ➡ $\frac{30}{60}$ ⑥ 백분의 구십구 ➡ $\frac{99}{100}$

⑦ 십오분의 오십 ➡ $\frac{50}{15}$ ⑧ 육분의 십칠 ➡ $\frac{17}{6}$

27

28쪽

분수가 뭘까?

연습문제(3)

다음 □ 안에 알맞은 수를 쓰세요.

① $1=\frac{3}{3}$ ② $1=\frac{5}{5}$ ③ $1=\frac{7}{7}$

④ $2=\frac{6}{3}$ ⑤ $2=\frac{8}{4}$ ⑥ $2=\frac{10}{5}$

⑦ $\frac{4}{4}=1$ ⑧ $\frac{10}{10}=1$ ⑨ $\frac{12}{12}=1$

⑩ $1=\frac{12}{12}$ ⑪ $2=\frac{24}{12}$ ⑫ $3=\frac{36}{12}$

28

29쪽

분수가 뭘까? 

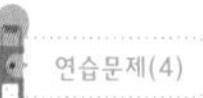
연습문제(4)

다음 □ 안에 알맞은 수를 쓰세요.

① $\frac{4}{2}=2$ ② $\frac{8}{2}=4$ ③ $\frac{12}{6}=2$

④ $\frac{15}{3}=5$ ⑤ $\frac{24}{3}=8$ ⑥ $\frac{27}{3}=9$

⑦ $1=\frac{2}{2}$ ⑧ $5=\frac{25}{5}$ ⑨ $6=\frac{36}{6}$

⑩ $10=\frac{20}{2}$ ⑪ $11=\frac{33}{3}$ ⑫ $12=\frac{48}{4}$

29

31쪽

분수가 뭘까? 

도전문제(1)

가분수 $\frac{7}{4}$ 을 대분수로 바꾸는 과정입니다. 빈칸에 알맞은 수를 쓰세요.

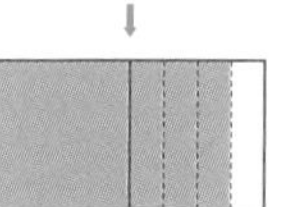

$\frac{7}{4}$ (가분수)

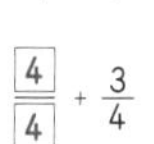

$\frac{4}{4}+\frac{3}{4}$

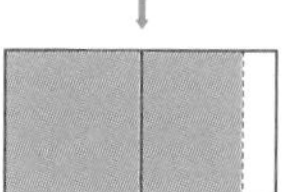

$1+\frac{3}{4}$

따라서, 가분수 $\frac{7}{4}$ = 대분수 $1\frac{3}{4}$

31

32쪽

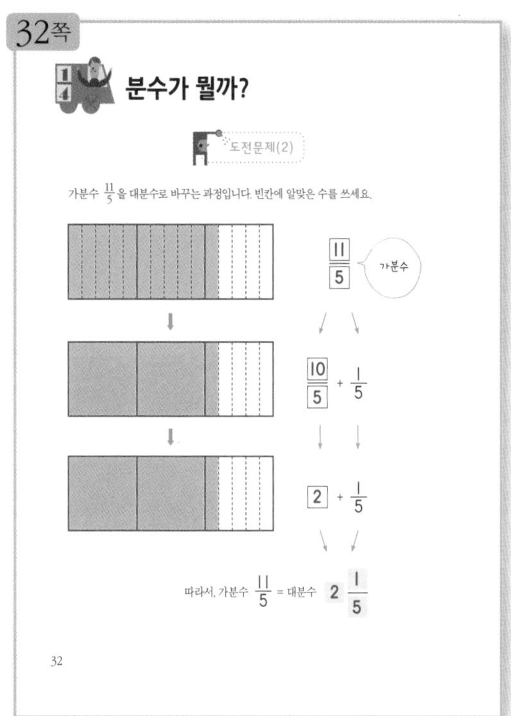

33쪽

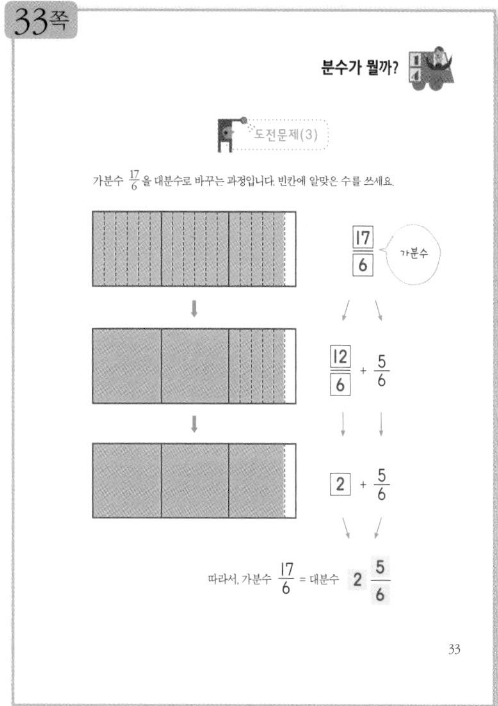

34쪽

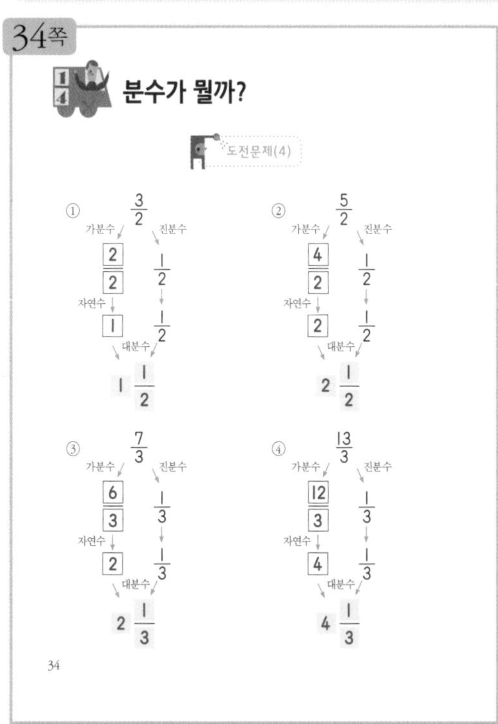

35쪽

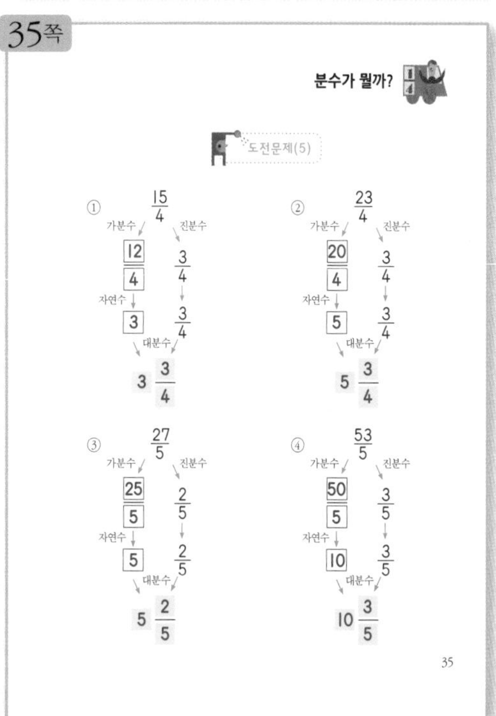

37쪽

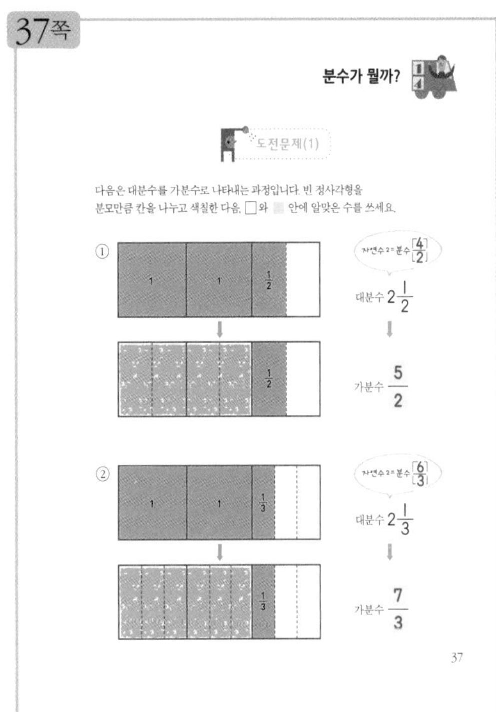

38쪽

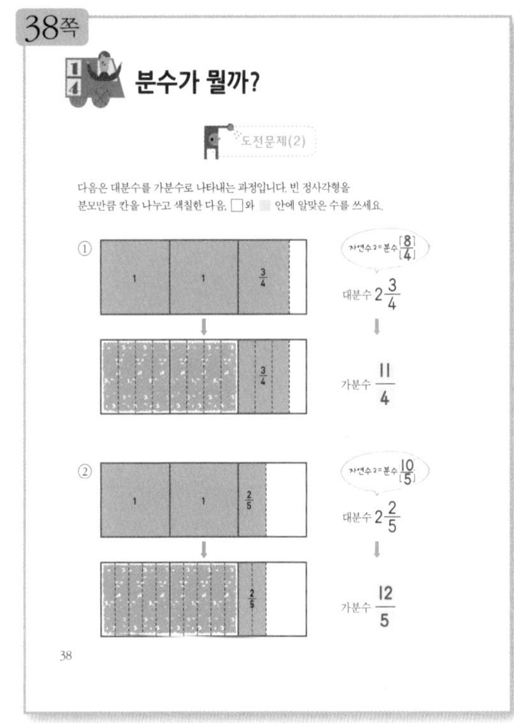

39쪽

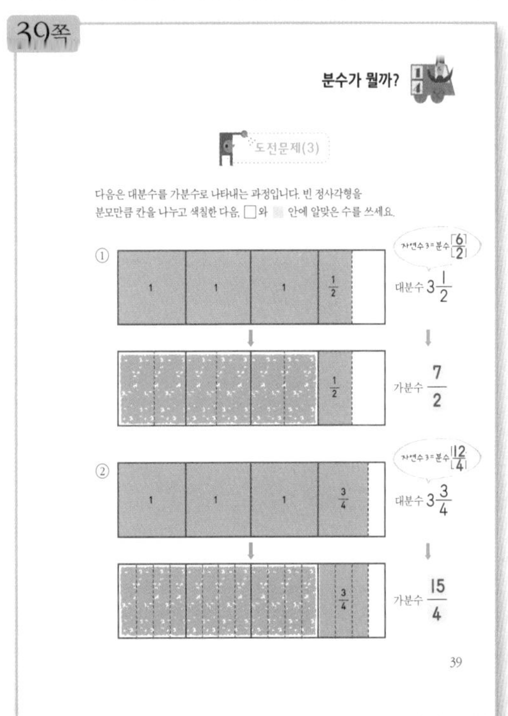

40쪽

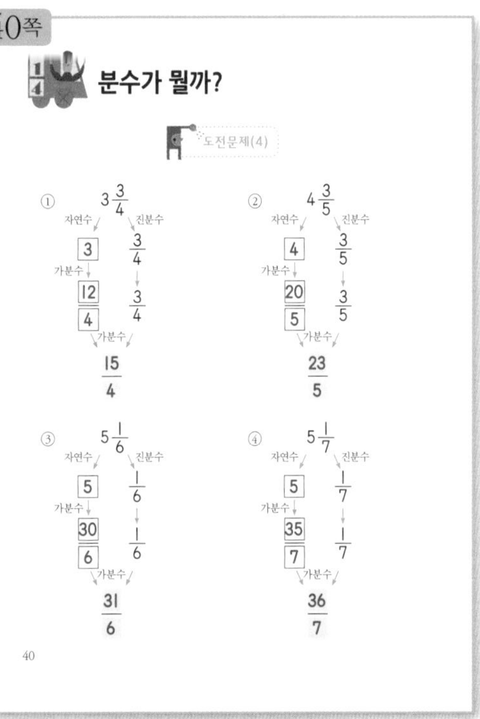

41쪽

분수가 뭘까?

도전문제(5)

① $6\frac{3}{7}$ → 자연수 6, 진분수 $\frac{3}{7}$ → 가분수 $\frac{42}{7}$, $\frac{3}{7}$ → 가분수 $\frac{45}{7}$

② $7\frac{3}{5}$ → 자연수 7, 진분수 $\frac{3}{5}$ → 가분수 $\frac{35}{5}$, $\frac{3}{5}$ → 가분수 $\frac{38}{5}$

③ $8\frac{1}{7}$ → 자연수 8, 진분수 $\frac{1}{7}$ → 가분수 $\frac{56}{7}$, $\frac{1}{7}$ → 가분수 $\frac{57}{7}$

④ $10\frac{5}{8}$ → 자연수 10, 진분수 $\frac{5}{8}$ → 가분수 $\frac{80}{8}$, $\frac{5}{8}$ → 가분수 $\frac{85}{8}$

41

42쪽

분수가 뭘까?

연습문제(1)

빈칸에 알맞은 수를 쓰세요.

① $13\frac{3}{4}=13+\frac{3}{4}=\frac{52}{4}+\frac{3}{4}=\frac{55}{4}$

② $15\frac{4}{5}=15+\frac{4}{5}=\frac{75}{5}+\frac{4}{5}=\frac{79}{5}$

③ $20\frac{5}{6}=20+\frac{5}{6}=\frac{120}{6}+\frac{5}{6}=\frac{125}{6}$

④ $17\frac{3}{7}=17+\frac{3}{7}=\frac{119}{7}+\frac{3}{7}=\frac{122}{7}$

⑤ $21\frac{5}{8}=21+\frac{5}{8}=\frac{168}{8}+\frac{5}{8}=\frac{173}{8}$

⑥ $100\frac{1}{2}=100+\frac{1}{2}=\frac{200}{2}+\frac{1}{2}=\frac{201}{2}$

42

43쪽

분수가 뭘까?

연습문제(2)

빈칸에 알맞은 수를 쓰세요.

① $1\frac{1}{2}=1+\frac{1}{2}=\frac{2}{2}+\frac{1}{2}=\frac{3}{2}$

② $\frac{19}{3}=\frac{18}{3}+\frac{1}{3}=6+\frac{1}{3}=6\frac{1}{3}$

③ $4\frac{1}{4}=4+\frac{1}{4}=\frac{16}{4}+\frac{1}{4}=\frac{17}{4}$

④ $8\frac{2}{6}=8+\frac{2}{6}=\frac{48}{6}+\frac{2}{6}=\frac{50}{6}$

⑤ $\frac{91}{8}=\frac{88}{8}+\frac{3}{8}=11+\frac{3}{8}=11\frac{3}{8}$

⑥ $\frac{100}{9}=\frac{99}{9}+\frac{1}{9}=11+\frac{1}{9}=11\frac{1}{9}$

43

44쪽

분수가 뭘까?

연습문제(3)

빈칸에 알맞은 수를 쓰세요.

① $\frac{99}{2}=49\frac{1}{2}$

② $99\frac{1}{2}=\frac{199}{2}$

③ $\frac{85}{7}=12\frac{1}{7}$

④ $85\frac{1}{7}=\frac{596}{7}$

⑤ $\frac{112}{13}=8\frac{8}{13}$

⑥ $11\frac{2}{13}=\frac{145}{13}$

⑦ $\frac{195}{16}=12\frac{3}{16}$

⑧ $19\frac{5}{6}=\frac{119}{6}$

⑨ $\frac{205}{18}=11\frac{7}{18}$

⑩ $20\frac{7}{18}=\frac{367}{18}$

⑪ $\frac{251}{20}=12\frac{11}{20}$

⑫ $25\frac{1}{20}=\frac{501}{20}$

44

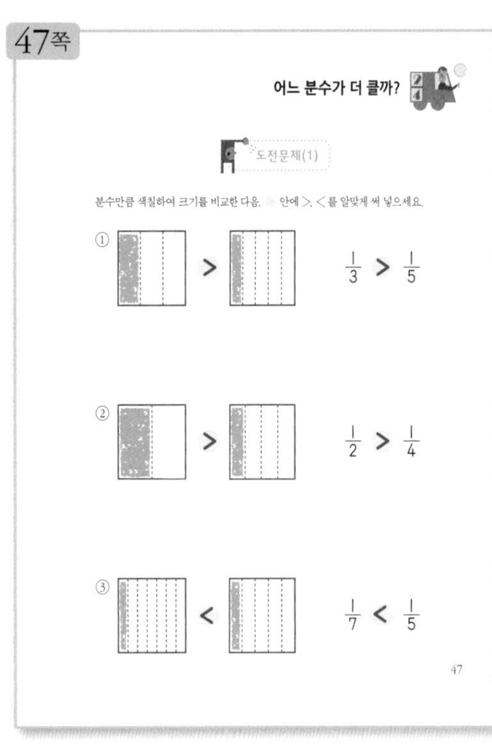

47쪽

어느 분수가 더 클까?

도전문제(1)

분수만큼 색칠하여 크기를 비교한 다음, ○ 안에 >, <를 알맞게 써 넣으세요.

① $\frac{1}{3} > \frac{1}{5}$

② $\frac{1}{2} > \frac{1}{4}$

③ $\frac{1}{7} < \frac{1}{5}$

47

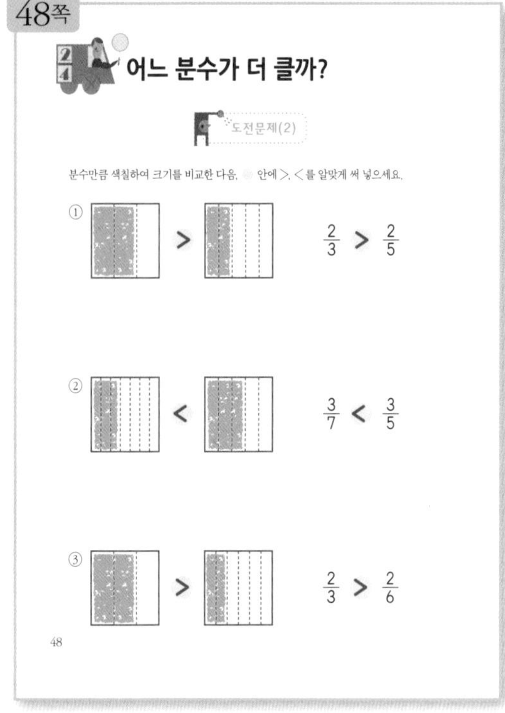

48쪽

어느 분수가 더 클까?

도전문제(2)

분수만큼 색칠하여 크기를 비교한 다음, ○ 안에 >, <를 알맞게 써 넣으세요.

① $\frac{2}{3} > \frac{2}{5}$

② $\frac{3}{7} < \frac{3}{5}$

③ $\frac{2}{3} > \frac{2}{6}$

48

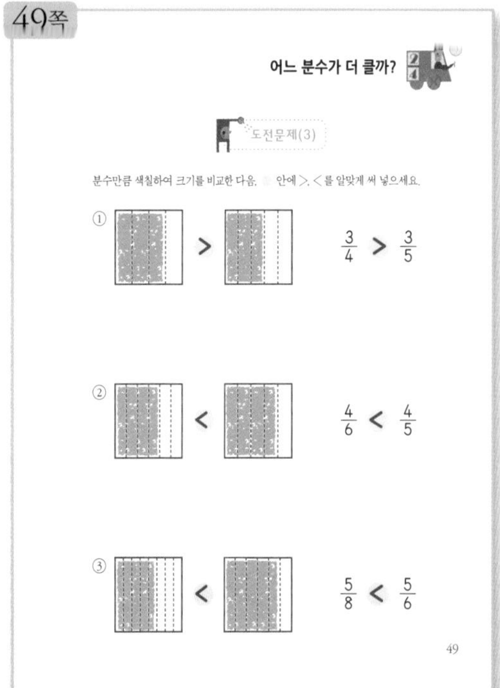

49쪽

어느 분수가 더 클까?

도전문제(3)

분수만큼 색칠하여 크기를 비교한 다음, ○ 안에 >, <를 알맞게 써 넣으세요.

① $\frac{3}{4} > \frac{3}{5}$

② $\frac{4}{6} < \frac{4}{5}$

③ $\frac{5}{8} < \frac{5}{6}$

49

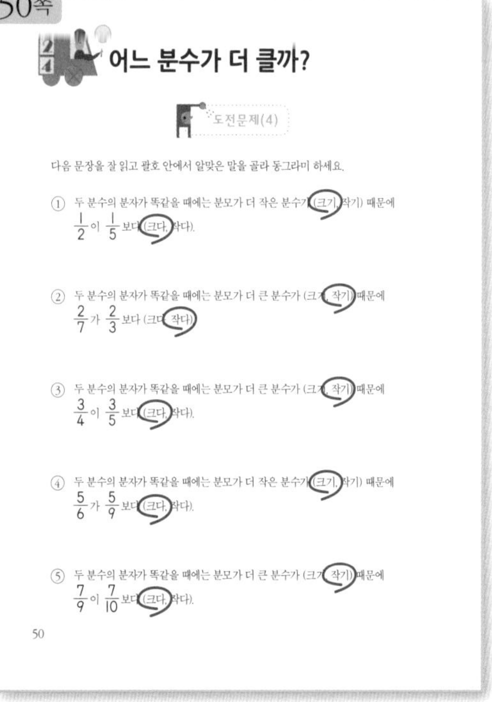

50쪽

어느 분수가 더 클까?

도전문제(4)

다음 문장을 잘 읽고 괄호 안에서 알맞은 말을 골라 동그라미 하세요.

① 두 분수의 분자가 똑같을 때에는 분모가 더 작은 분수가 (크기, 작기) 때문에 $\frac{1}{2}$이 $\frac{1}{5}$보다 (크다, 작다).

② 두 분수의 분자가 똑같을 때에는 분모가 더 큰 분수가 (크기, 작기) 때문에 $\frac{2}{7}$가 $\frac{2}{3}$보다 (크다, 작다).

③ 두 분수의 분자가 똑같을 때에는 분모가 더 큰 분수가 (크기, 작기) 때문에 $\frac{3}{4}$이 $\frac{3}{5}$보다 (크다, 작다).

④ 두 분수의 분자가 똑같을 때에는 분모가 더 작은 분수가 (크기, 작기) 때문에 $\frac{5}{6}$가 $\frac{5}{9}$보다 (크다, 작다).

⑤ 두 분수의 분자가 똑같을 때에는 분모가 더 큰 분수가 (크기, 작기) 때문에 $\frac{7}{9}$이 $\frac{7}{10}$보다 (크다, 작다).

50

51쪽

어느 분수가 더 클까?

연습문제

다음 ● 안에 >, <를 알맞게 써 넣으세요.

① $\frac{1}{2} > \frac{1}{3}$　② $\frac{2}{4} > \frac{2}{5}$

③ $\frac{2}{6} < \frac{2}{3}$　④ $\frac{1}{4} < \frac{1}{2}$

⑤ $\frac{5}{9} < \frac{5}{7}$　⑥ $\frac{3}{8} > \frac{3}{9}$

⑦ $\frac{1}{4} > \frac{1}{8}$　⑧ $\frac{4}{10} < \frac{4}{5}$

⑨ $\frac{1}{2} > \frac{1}{12}$　⑩ $\frac{4}{5} > \frac{4}{6}$

⑪ $\frac{11}{12} > \frac{11}{15}$　⑫ $\frac{1}{100} < \frac{1}{50}$

51

53쪽

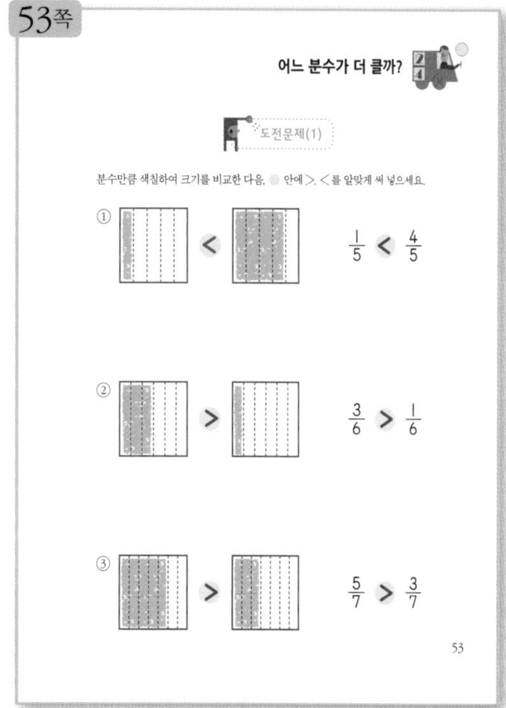

어느 분수가 더 클까?

도전문제(1)

분수만큼 색칠하여 크기를 비교한 다음, ● 안에 >, <를 알맞게 써 넣으세요.

① $\frac{1}{5} < \frac{4}{5}$

② $\frac{3}{6} > \frac{1}{6}$

③ $\frac{5}{7} > \frac{3}{7}$

53

54쪽

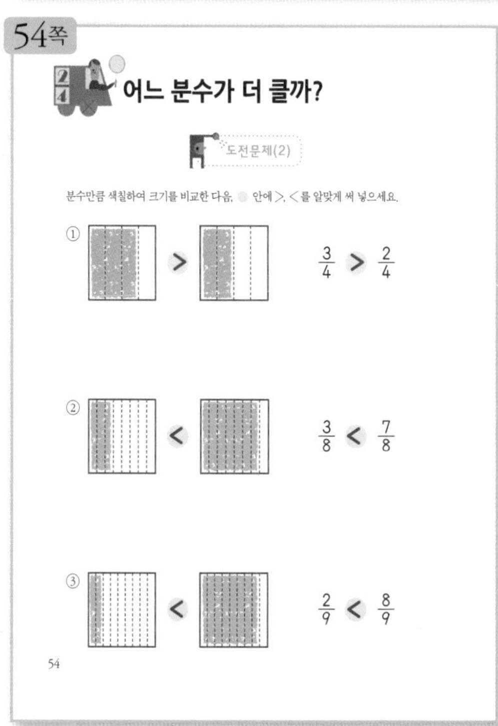

어느 분수가 더 클까?

도전문제(2)

분수만큼 색칠하여 크기를 비교한 다음, ● 안에 >, <를 알맞게 써 넣으세요.

① $\frac{3}{4} > \frac{2}{4}$

② $\frac{3}{8} < \frac{7}{8}$

③ $\frac{2}{9} < \frac{8}{9}$

54

55쪽

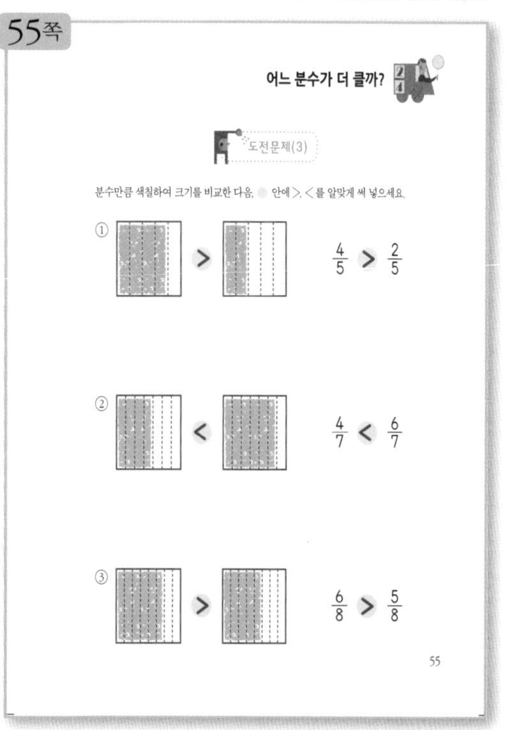

어느 분수가 더 클까?

도전문제(3)

분수만큼 색칠하여 크기를 비교한 다음, ● 안에 >, <를 알맞게 써 넣으세요.

① $\frac{4}{5} > \frac{2}{5}$

② $\frac{4}{7} < \frac{6}{7}$

③ $\frac{6}{8} > \frac{5}{8}$

55

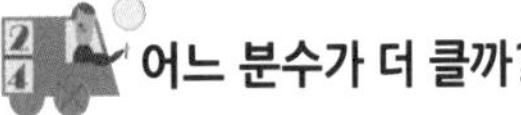

다음 문장을 잘 읽고 괄호 안에서 알맞은 말을 골라 동그라미 하세요.

① 두 분수의 분모가 똑같을 때에는 분자가 더 작은 분수가 (크기, 작기) 때문에 $\frac{5}{3}$가 $\frac{10}{3}$보다 (크다, 작다).

② 두 분수의 분모가 똑같을 때에는 분자가 더 큰 분수가 (크기, 작기) 때문에 $\frac{7}{5}$이 $\frac{4}{5}$보다 (크다, 작다).

③ 두 분수의 분모가 똑같을 때에는 분자가 더 큰 분수가 (크기, 작기) 때문에 $\frac{17}{6}$이 $\frac{7}{6}$보다 (크다, 작다).

④ 두 분수의 분모가 똑같을 때에는 분자가 더 작은 분수가 (크기, 작기) 때문에 $\frac{26}{9}$이 $\frac{31}{9}$보다 (크다, 작다).

⑤ 두 분수의 분모가 똑같을 때에는 분자가 더 작은 분수가 (크기, 작기) 때문에 $\frac{41}{7}$이 $\frac{50}{7}$보다 (크다, 작다).

56

57쪽

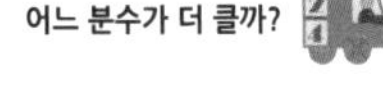

다음 ○ 안에 >, <, =를 알맞게 써 넣으세요.

① $\frac{2}{5} > \frac{2}{6}$ ② $\frac{8}{6} = \frac{8}{6}$

③ $\frac{11}{7} < \frac{11}{4}$ ④ $\frac{12}{7} > \frac{1}{7}$

⑤ $\frac{13}{8} > \frac{13}{9}$ ⑥ $\frac{13}{8} > \frac{9}{8}$

⑦ $\frac{10}{9} < \frac{10}{7}$ ⑧ $\frac{10}{9} < \frac{20}{9}$

⑨ $\frac{6}{7} > \frac{6}{77}$ ⑩ $\frac{6}{10} < \frac{7}{10}$

⑪ $\frac{17}{12} < \frac{17}{11}$ ⑫ $\frac{7}{12} > \frac{3}{12}$

57

59쪽

어느 분수가 더 클까?

다음 ○ 안에 >, <, =를 알맞게 써 넣으세요.

① $\frac{4}{3} > \frac{3}{4}$ ② $\frac{7}{4} > 1$

③ $\frac{8}{5} > \frac{5}{5}$ ④ $\frac{6}{6} < \frac{13}{6}$

⑤ $3 > \frac{3}{7}$ ⑥ $\frac{1}{7} < \frac{10}{7}$

⑦ $\frac{16}{8} > \frac{8}{8}$ ⑧ $\frac{3}{9} < 1$

⑨ $\frac{7}{7} = \frac{14}{14}$ ⑩ $3 > \frac{16}{8}$

⑪ $\frac{12}{12} = \frac{100}{100}$ ⑫ $5 = \frac{25}{5}$

59

61쪽

어느 분수가 더 클까?

다음 ○ 안에 >, <, =를 알맞게 써 넣으세요.

① $1\frac{2}{3} < \frac{7}{3}$

가분수 $\frac{10}{3}$

② $3\frac{1}{3} = \frac{10}{3}$

가분수 $\frac{12}{5}$

③ $2\frac{2}{5} < \frac{13}{5}$

가분수 $\frac{23}{6}$

④ $3\frac{5}{6} > \frac{22}{6}$

가분수 $\frac{19}{4}$

⑤ $4\frac{3}{4} > \frac{15}{4}$

가분수 $\frac{26}{5}$

⑥ $5\frac{1}{5} < \frac{30}{5}$

61

62쪽

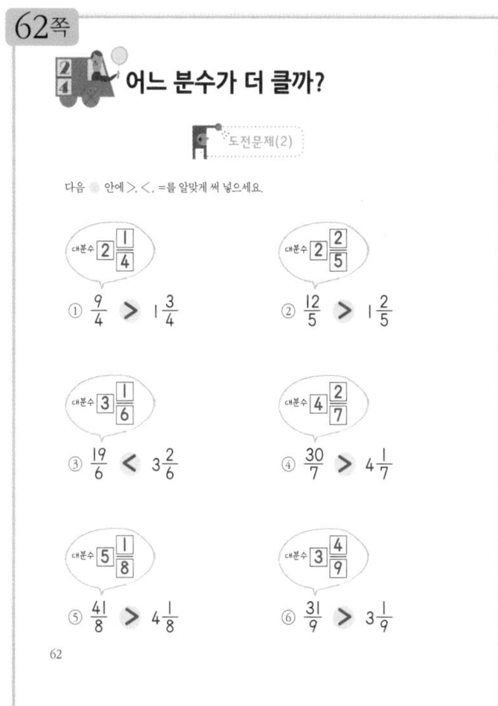

어느 분수가 더 클까?

도전문제(2)

다음 ○ 안에 >, <, =를 알맞게 써 넣으세요.

대분수 $2\frac{1}{4}$

① $\frac{9}{4} > 1\frac{3}{4}$

대분수 $2\frac{2}{5}$

② $\frac{12}{5} > 1\frac{2}{5}$

대분수 $3\frac{1}{6}$

③ $\frac{19}{6} < 3\frac{2}{6}$

대분수 $4\frac{2}{7}$

④ $\frac{30}{7} > 4\frac{1}{7}$

대분수 $5\frac{1}{8}$

⑤ $\frac{41}{8} > 4\frac{1}{8}$

대분수 $3\frac{4}{9}$

⑥ $\frac{31}{9} > 3\frac{1}{9}$

62

63쪽

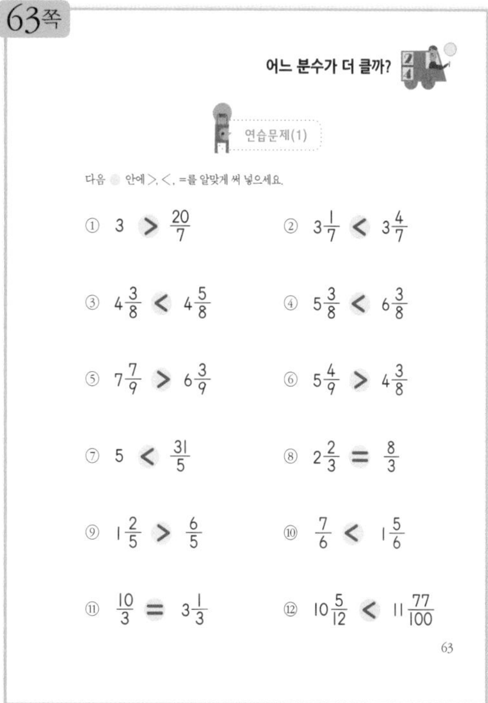

어느 분수가 더 클까?

연습문제(1)

다음 ○ 안에 >, <, =를 알맞게 써 넣으세요.

① $3 > \frac{20}{7}$

② $3\frac{1}{7} < 3\frac{4}{7}$

③ $4\frac{3}{8} < 4\frac{5}{8}$

④ $5\frac{3}{8} < 6\frac{3}{8}$

⑤ $7\frac{7}{9} > 6\frac{3}{9}$

⑥ $5\frac{4}{9} > 4\frac{3}{8}$

⑦ $5 < \frac{31}{5}$

⑧ $2\frac{2}{3} = \frac{8}{3}$

⑨ $1\frac{2}{5} > \frac{6}{5}$

⑩ $\frac{7}{6} < 1\frac{5}{6}$

⑪ $\frac{10}{3} = 3\frac{1}{3}$

⑫ $10\frac{5}{12} < 11\frac{77}{100}$

63

64쪽

어느 분수가 더 클까?

연습문제(2)

다음 ○ 안에 >, <, =를 알맞게 써 넣으세요.

① $4 < 5$

② $4\frac{4}{7} < 5\frac{1}{8}$

③ $3\frac{1}{8} > 2\frac{3}{8}$

④ $3\frac{1}{8} < 3\frac{2}{8}$

⑤ $5\frac{4}{6} < 6\frac{1}{6}$

⑥ $5\frac{4}{6} < 6\frac{5}{6}$

⑦ $6 < \frac{31}{5}$

⑧ $12\frac{5}{12} > 11\frac{77}{100}$

⑨ $\frac{63}{10} = 6\frac{3}{10}$

⑩ $\frac{87}{10} = 8\frac{7}{10}$

⑪ $12\frac{3}{12} < 13\frac{2}{12}$

⑫ $100 > 99\frac{99}{100}$

64

67쪽

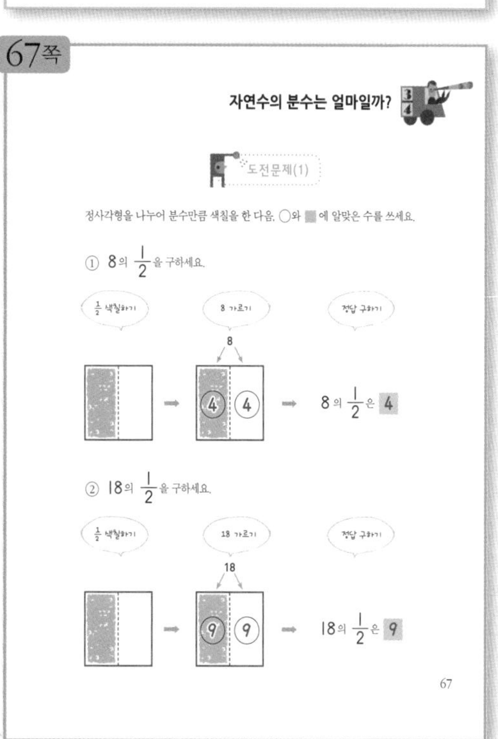

자연수의 분수는 얼마일까?

도전문제(1)

정사각형을 나누어 분수만큼 색칠을 한 다음, ○와 ▒에 알맞은 수를 쓰세요.

① 8의 $\frac{1}{2}$을 구하세요.

② 18의 $\frac{1}{2}$을 구하세요.

67

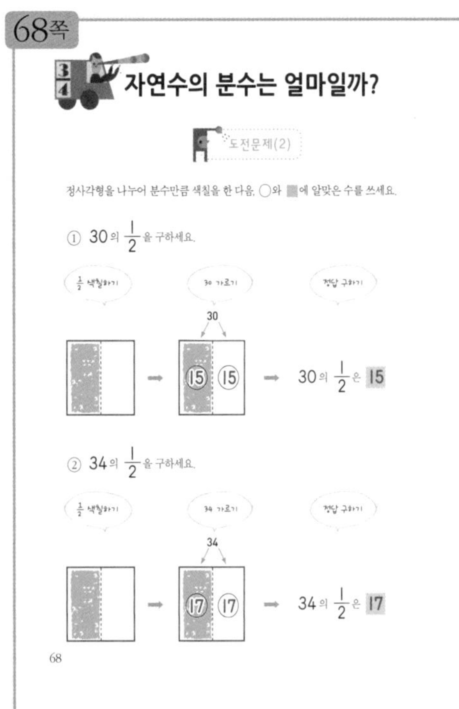

68쪽

자연수의 분수는 얼마일까?

도전문제(2)

정사각형을 나누어 분수만큼 색칠을 한 다음, ○와 ▒에 알맞은 수를 쓰세요.

① 30의 $\frac{1}{2}$을 구하세요.

$\frac{1}{2}$ 색칠하기 / 30 가르기 / 정답 구하기

30 → 15 15 → 30의 $\frac{1}{2}$은 15

② 34의 $\frac{1}{2}$을 구하세요.

$\frac{1}{2}$ 색칠하기 / 34 가르기 / 정답 구하기

34 → 17 17 → 34의 $\frac{1}{2}$은 17

68

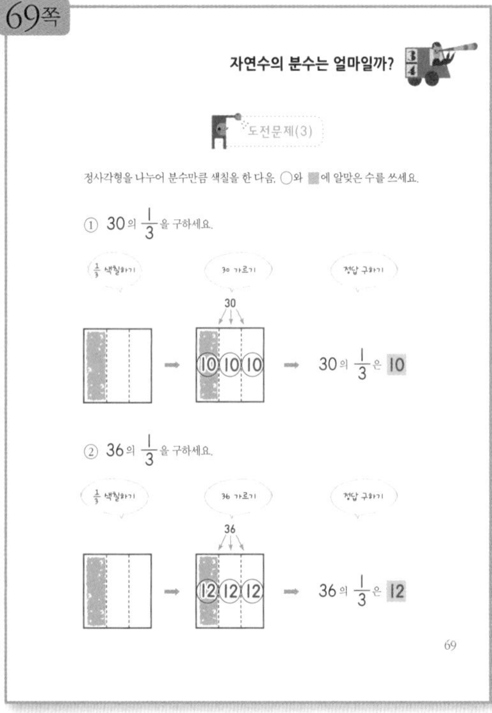

69쪽

자연수의 분수는 얼마일까?

도전문제(3)

정사각형을 나누어 분수만큼 색칠을 한 다음, ○와 ▒에 알맞은 수를 쓰세요.

① 30의 $\frac{1}{3}$을 구하세요.

$\frac{1}{3}$ 색칠하기 / 30 가르기 / 정답 구하기

30 → 10 10 10 → 30의 $\frac{1}{3}$은 10

② 36의 $\frac{1}{3}$을 구하세요.

$\frac{1}{3}$ 색칠하기 / 36 가르기 / 정답 구하기

36 → 12 12 12 → 36의 $\frac{1}{3}$은 12

69

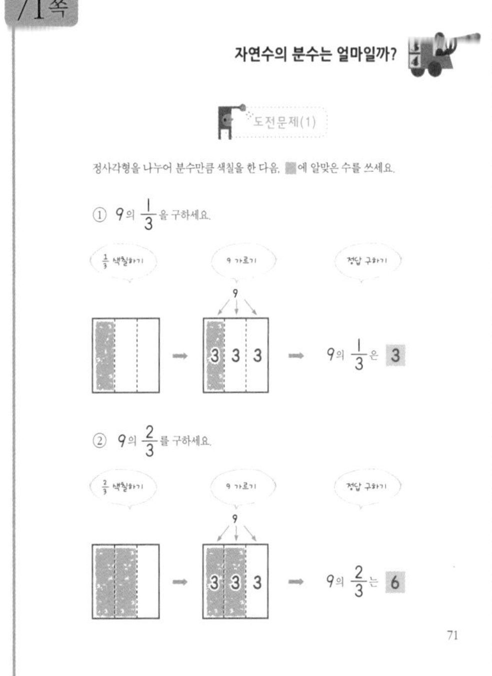

71쪽

자연수의 분수는 얼마일까?

도전문제(1)

정사각형을 나누어 분수만큼 색칠을 한 다음, ▒에 알맞은 수를 쓰세요.

① 9의 $\frac{1}{3}$을 구하세요.

$\frac{1}{3}$ 색칠하기 / 9 가르기 / 정답 구하기

9 → 3 3 3 → 9의 $\frac{1}{3}$은 3

② 9의 $\frac{2}{3}$를 구하세요.

$\frac{2}{3}$ 색칠하기 / 9 가르기 / 정답 구하기

9 → 3 3 3 → 9의 $\frac{2}{3}$는 6

71

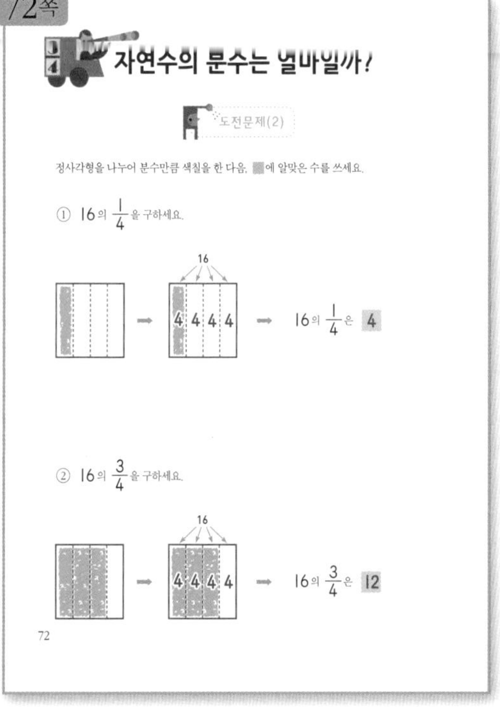

72쪽

자연수의 분수는 얼마일까?

도전문제(2)

정사각형을 나누어 분수만큼 색칠을 한 다음, ▒에 알맞은 수를 쓰세요.

① 16의 $\frac{1}{4}$을 구하세요.

16 → 4 4 4 4 → 16의 $\frac{1}{4}$은 4

② 16의 $\frac{3}{4}$을 구하세요.

16 → 4 4 4 4 → 16의 $\frac{3}{4}$은 12

72

73쪽

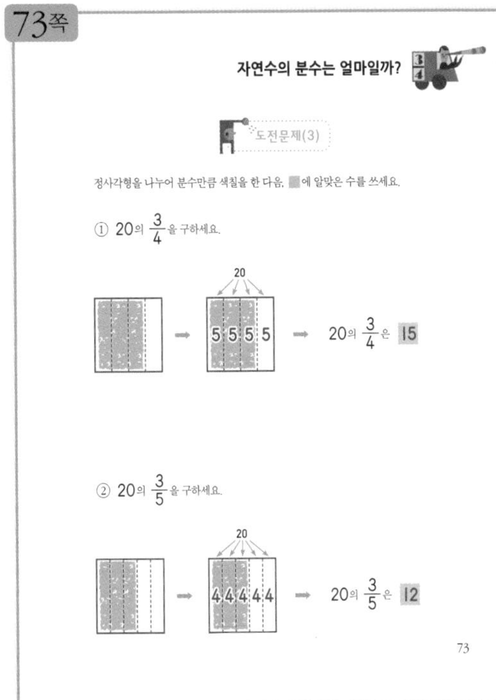
자연수의 분수는 얼마일까?

도전문제(3)

정사각형을 나누어 분수만큼 색칠을 한 다음, ■에 알맞은 수를 쓰세요.

① 20의 $\frac{3}{4}$을 구하세요.

20 → 5 5 5 5 → 20의 $\frac{3}{4}$은 15

② 20의 $\frac{3}{5}$을 구하세요.

20 → 4 4 4 4 4 → 20의 $\frac{3}{5}$은 12

73

74쪽

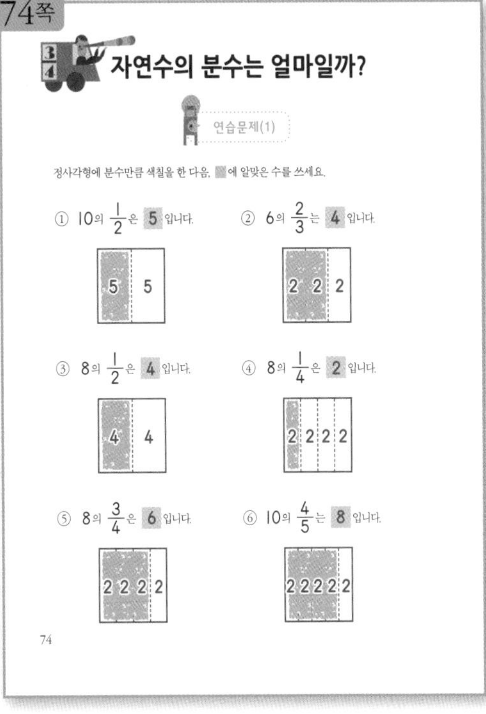
자연수의 분수는 얼마일까?

연습문제(1)

정사각형에 분수만큼 색칠을 한 다음, ■에 알맞은 수를 쓰세요.

① 10의 $\frac{1}{2}$은 5 입니다. (5 5)

② 6의 $\frac{2}{3}$는 4 입니다. (2 2 2)

③ 8의 $\frac{1}{2}$은 4 입니다. (4 4)

④ 8의 $\frac{1}{4}$은 2 입니다. (2 2 2 2)

⑤ 8의 $\frac{3}{4}$은 6 입니다. (2 2 2 2)

⑥ 10의 $\frac{4}{5}$는 8 입니다. (2 2 2 2 2)

74

75쪽

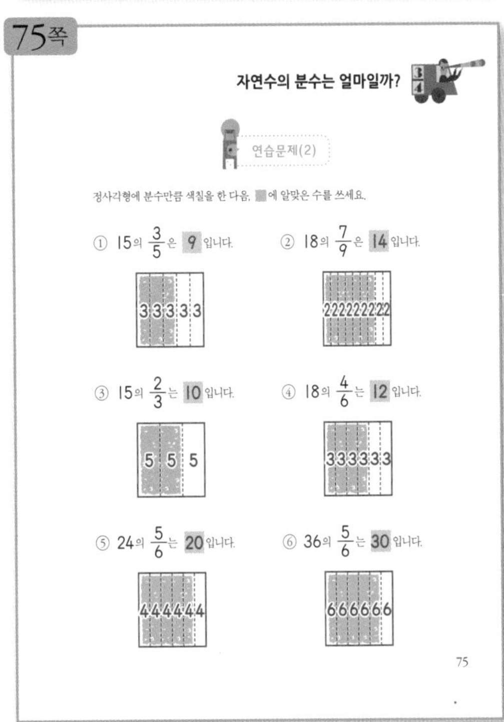
자연수의 분수는 얼마일까?

연습문제(2)

정사각형에 분수만큼 색칠을 한 다음, ■에 알맞은 수를 쓰세요.

① 15의 $\frac{3}{5}$은 9 입니다. (3 3 3 3 3)

② 18의 $\frac{7}{9}$은 14 입니다. (2 2 2 2 2 2 2 2 2)

③ 15의 $\frac{2}{3}$는 10 입니다. (5 5 5)

④ 18의 $\frac{4}{6}$는 12 입니다. (3 3 3 3 3 3)

⑤ 24의 $\frac{5}{6}$는 20 입니다. (4 4 4 4 4 4)

⑥ 36의 $\frac{5}{6}$는 30 입니다. (6 6 6 6 6 6)

75

76쪽

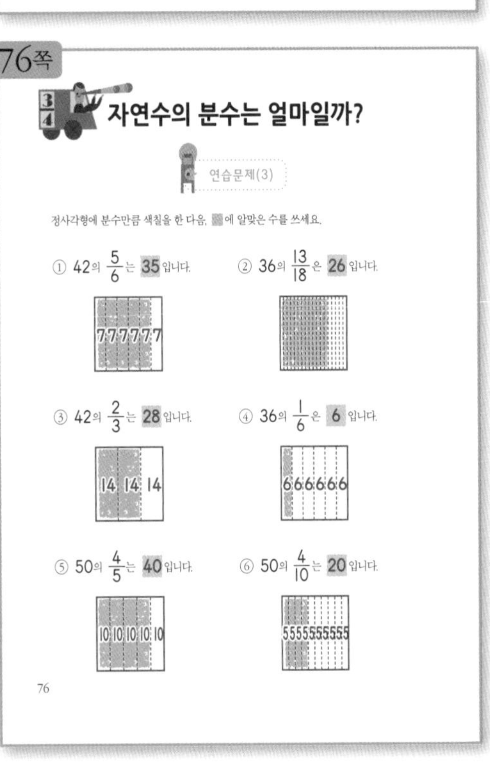
자연수의 분수는 얼마일까?

연습문제(3)

정사각형에 분수만큼 색칠을 한 다음, ■에 알맞은 수를 쓰세요.

① 42의 $\frac{5}{6}$는 35 입니다. (7 7 7 7 7 7)

② 36의 $\frac{13}{18}$은 26 입니다.

③ 42의 $\frac{2}{3}$는 28 입니다. (14 14 14)

④ 36의 $\frac{1}{6}$은 6 입니다. (6 6 6 6 6 6)

⑤ 50의 $\frac{4}{5}$는 40 입니다. (10 10 10 10 10)

⑥ 50의 $\frac{4}{10}$는 20 입니다. (5 5 5 5 5 5 5 5 5 5)

76

79쪽

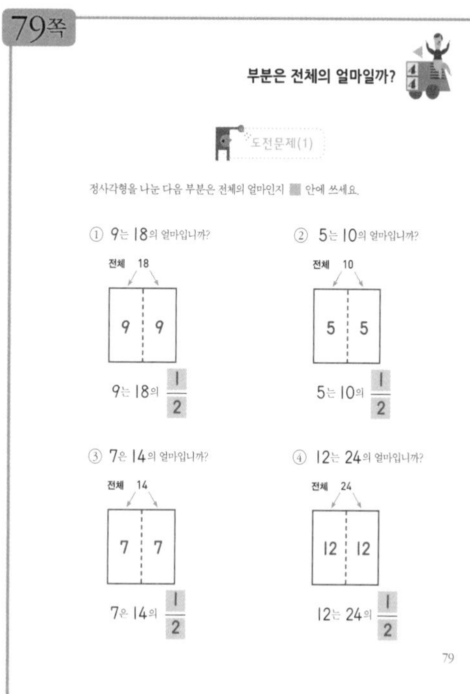

부분은 전체의 얼마일까?

도전문제(1)

정사각형을 나눈 다음 부분은 전체의 얼마인지 ■ 안에 쓰세요.

① 9는 18의 얼마입니까?

전체 18

9 | 9

9는 18의 $\frac{1}{2}$

② 5는 10의 얼마입니까?

전체 10

5 | 5

5는 10의 $\frac{1}{2}$

③ 7은 14의 얼마입니까?

전체 14

7 | 7

7은 14의 $\frac{1}{2}$

④ 12는 24의 얼마입니까?

전체 24

12 | 12

12는 24의 $\frac{1}{2}$

79

80쪽

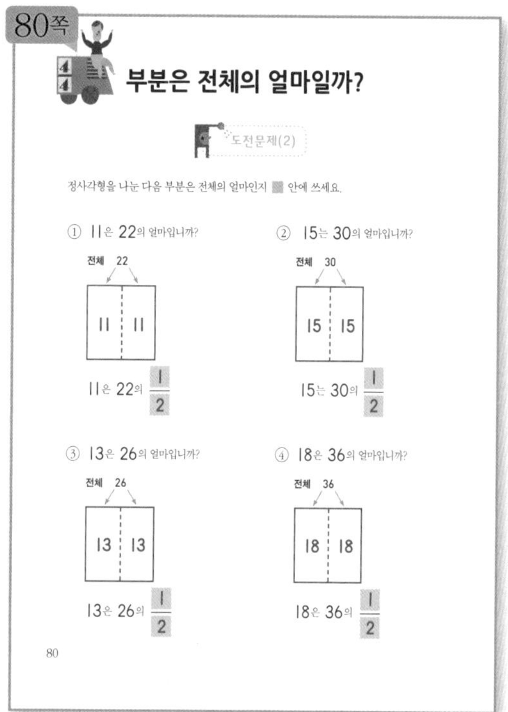

부분은 전체의 얼마일까?

도전문제(2)

정사각형을 나눈 다음 부분은 전체의 얼마인지 ■ 안에 쓰세요.

① 11은 22의 얼마입니까?

전체 22

11 | 11

11은 22의 $\frac{1}{2}$

② 15는 30의 얼마입니까?

전체 30

15 | 15

15는 30의 $\frac{1}{2}$

③ 13은 26의 얼마입니까?

전체 26

13 | 13

13은 26의 $\frac{1}{2}$

④ 18은 36의 얼마입니까?

전체 36

18 | 18

18은 36의 $\frac{1}{2}$

80

81쪽

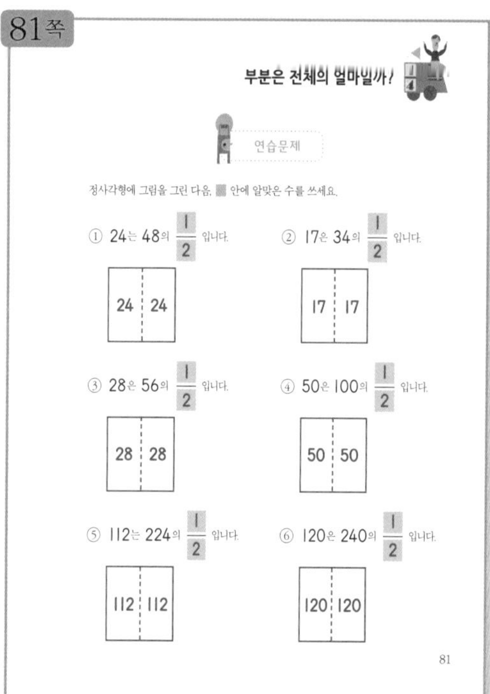

부분은 전체의 얼마일까?

연습문제

정사각형에 그림을 그린 다음, ■ 안에 알맞은 수를 쓰세요.

① 24는 48의 $\frac{1}{2}$ 입니다.

24 | 24

② 17은 34의 $\frac{1}{2}$ 입니다.

17 | 17

③ 28은 56의 $\frac{1}{2}$ 입니다.

28 | 28

④ 50은 100의 $\frac{1}{2}$ 입니다.

50 | 50

⑤ 112는 224의 $\frac{1}{2}$ 입니다.

112 | 112

⑥ 120은 240의 $\frac{1}{2}$ 입니다.

120 | 120

81

83쪽

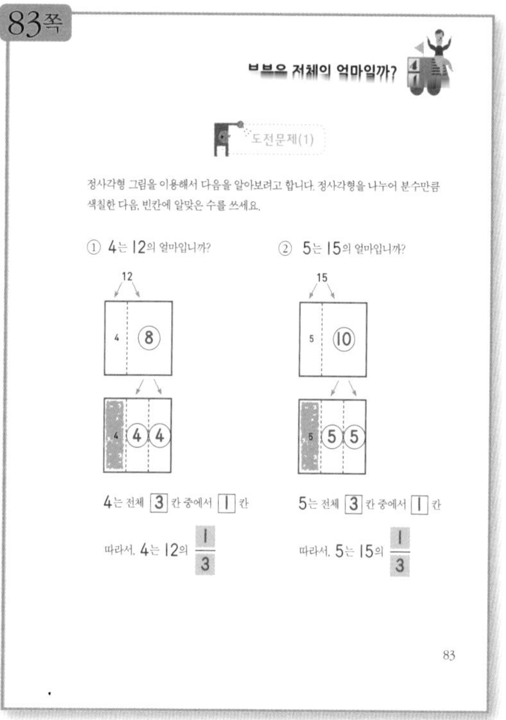

부분은 전체의 얼마일까?

도전문제(1)

정사각형 그림을 이용해서 다음을 알아보려고 합니다. 정사각형을 나누어 분수만큼 색칠한 다음, 빈칸에 알맞은 수를 쓰세요.

① 4는 12의 얼마입니까?

12

4 | 8

4 | 4 | 4

4는 전체 3 칸 중에서 1 칸

따라서, 4는 12의 $\frac{1}{3}$

② 5는 15의 얼마입니까?

15

5 | 10

5 | 5 | 5

5는 전체 3 칸 중에서 1 칸

따라서, 5는 15의 $\frac{1}{3}$

83

84쪽

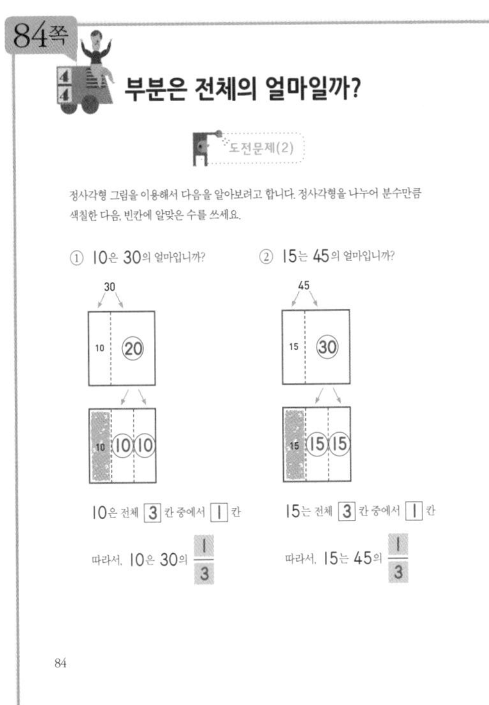

부분은 전체의 얼마일까?

도전문제(2)

정사각형 그림을 이용해서 다음을 알아보려고 합니다. 정사각형을 나누어 분수만큼 색칠한 다음, 빈칸에 알맞은 수를 쓰세요.

① 10은 30의 얼마입니까?

10은 전체 3 칸 중에서 1 칸

따라서, 10은 30의 $\frac{1}{3}$

② 15는 45의 얼마입니까?

15는 전체 3 칸 중에서 1 칸

따라서, 15는 45의 $\frac{1}{3}$

84

85쪽

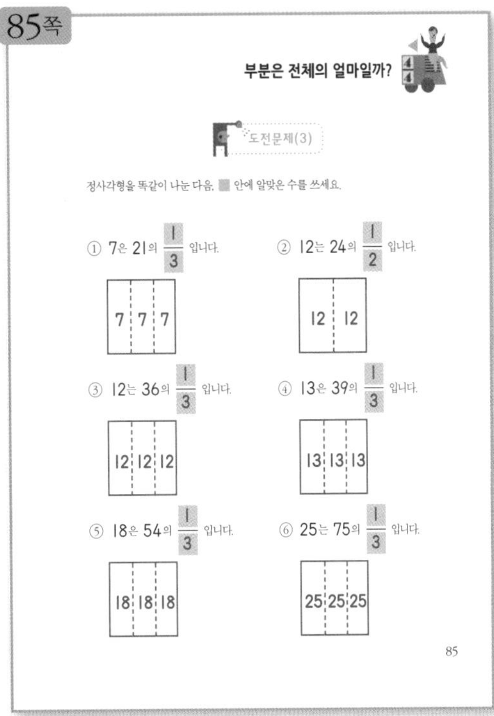

부분은 전체의 얼마일까?

도전문제(3)

정사각형을 똑같이 나눈 다음, ■ 안에 알맞은 수를 쓰세요.

① 7은 21의 $\frac{1}{3}$ 입니다.

② 12는 24의 $\frac{1}{2}$ 입니다.

③ 12는 36의 $\frac{1}{3}$ 입니다.

④ 13은 39의 $\frac{1}{3}$ 입니다.

⑤ 18은 54의 $\frac{1}{3}$ 입니다.

⑥ 25는 75의 $\frac{1}{3}$ 입니다.

85

87쪽

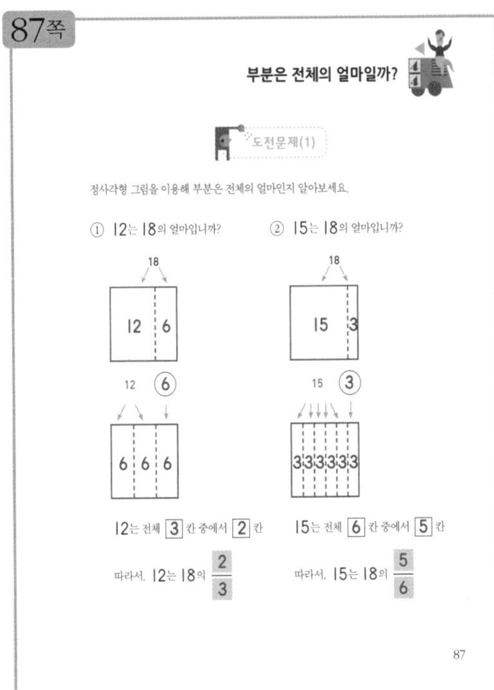

부분은 전체의 얼마일까?

도전문제(1)

정사각형 그림을 이용해 부분은 전체의 얼마인지 알아보세요.

① 12는 18의 얼마입니까?

12는 전체 3 칸 중에서 2 칸

따라서, 12는 18의 $\frac{2}{3}$

② 15는 18의 얼마입니까?

15는 전체 6 칸 중에서 5 칸

따라서, 15는 18의 $\frac{5}{6}$

87

88쪽

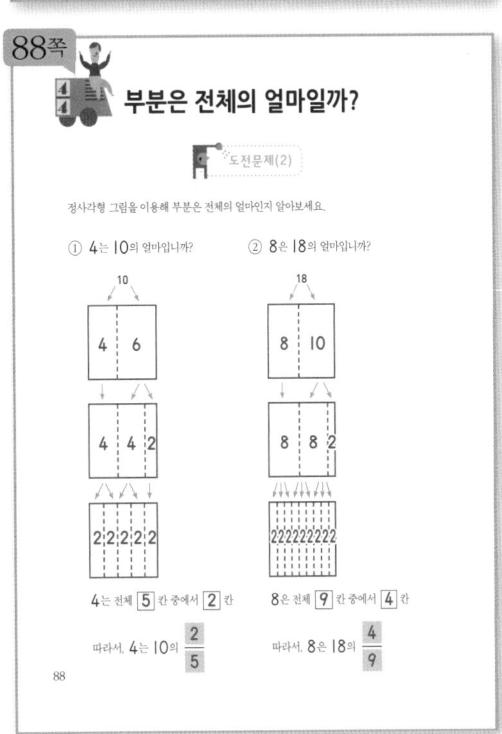

부분은 전체의 얼마일까?

도전문제(2)

정사각형 그림을 이용해 부분은 전체의 얼마인지 알아보세요.

① 4는 10의 얼마입니까?

4는 전체 5 칸 중에서 2 칸

따라서, 4는 10의 $\frac{2}{5}$

② 8은 18의 얼마입니까?

8은 전체 9 칸 중에서 4 칸

따라서, 8은 18의 $\frac{4}{9}$

88

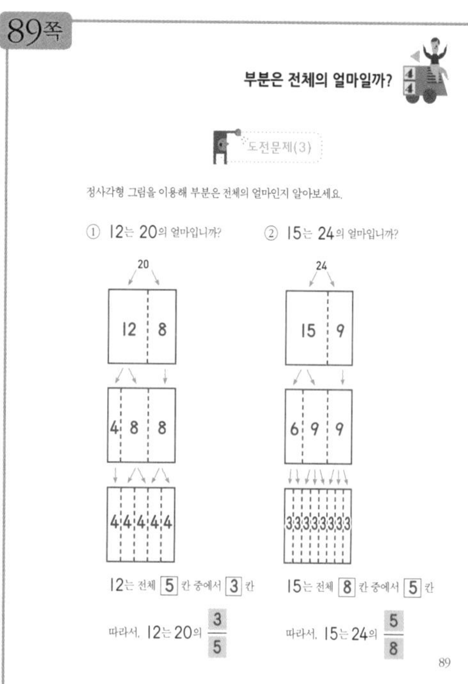
89쪽

부분은 전체의 얼마일까?

도전문제(3)

정사각형 그림을 이용해 부분은 전체의 얼마인지 알아보세요.

① 12는 20의 얼마입니까?

20

12 | 8

4 | 8 | 8

4 | 4 | 4 | 4 | 4

12는 전체 5 칸 중에서 3 칸

따라서, 12는 20의 $\frac{3}{5}$

② 15는 24의 얼마입니까?

24

15 | 9

6 | 9 | 9

3 | 3 | 3 | 3 | 3 | 3 | 3 | 3

15는 전체 8 칸 중에서 5 칸

따라서, 15는 24의 $\frac{5}{8}$

89

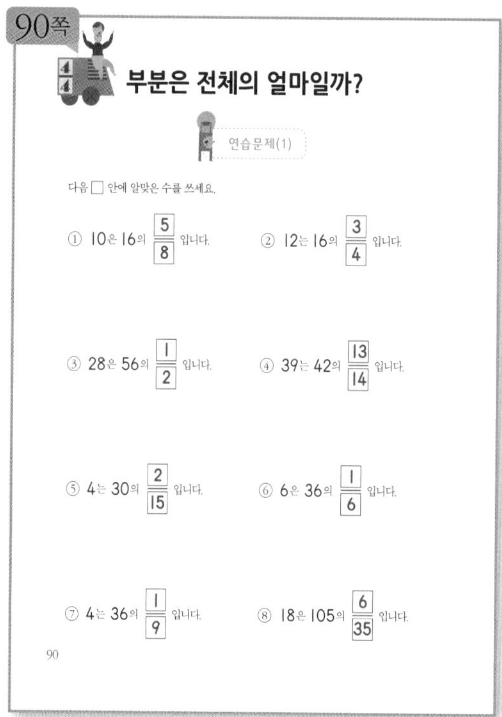
90쪽

부분은 전체의 얼마일까?

연습문제(1)

다음 □ 안에 알맞은 수를 쓰세요.

① 10은 16의 $\frac{5}{8}$ 입니다.

② 12는 16의 $\frac{3}{4}$ 입니다.

③ 28은 56의 $\frac{1}{2}$ 입니다.

④ 39는 42의 $\frac{13}{14}$ 입니다.

⑤ 4는 30의 $\frac{2}{15}$ 입니다.

⑥ 6은 36의 $\frac{1}{6}$ 입니다.

⑦ 4는 36의 $\frac{1}{9}$ 입니다.

⑧ 18은 105의 $\frac{6}{35}$ 입니다.

90

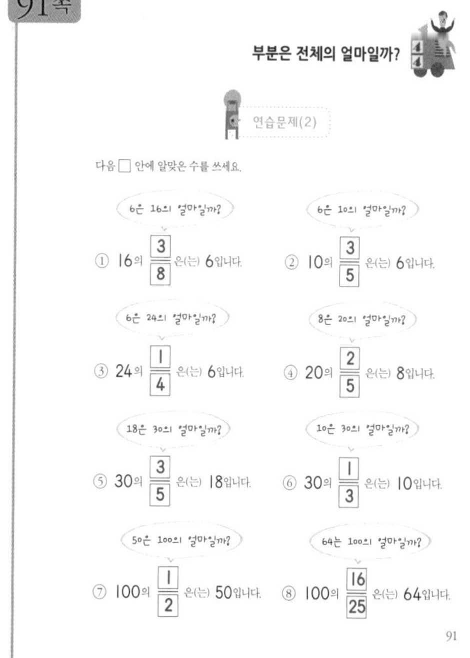
91쪽

부분은 전체의 얼마일까?

연습문제(2)

다음 □ 안에 알맞은 수를 쓰세요.

6은 16의 얼마일까?

① 16의 $\frac{3}{8}$ 은(는) 6입니다.

6은 10의 얼마일까?

② 10의 $\frac{3}{5}$ 은(는) 6입니다.

6은 24의 얼마일까?

③ 24의 $\frac{1}{4}$ 은(는) 6입니다.

8은 20의 얼마일까?

④ 20의 $\frac{2}{5}$ 은(는) 8입니다.

18은 30의 얼마일까?

⑤ 30의 $\frac{3}{5}$ 은(는) 18입니다.

10은 30의 얼마일까?

⑥ 30의 $\frac{1}{3}$ 은(는) 10입니다.

50은 100의 얼마일까?

⑦ 100의 $\frac{1}{2}$ 은(는) 50입니다.

64는 100의 얼마일까?

⑧ 100의 $\frac{16}{25}$ 은(는) 64입니다.

91

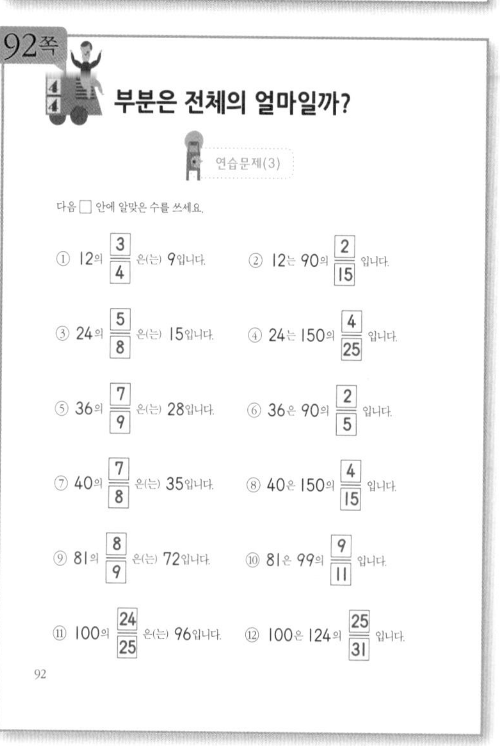
92쪽

부분은 전체의 얼마일까?

연습문제(3)

다음 □ 안에 알맞은 수를 쓰세요.

① 12의 $\frac{3}{4}$ 은(는) 9입니다.

② 12는 90의 $\frac{2}{15}$ 입니다.

③ 24의 $\frac{5}{8}$ 은(는) 15입니다.

④ 24는 150의 $\frac{4}{25}$ 입니다.

⑤ 36의 $\frac{7}{9}$ 은(는) 28입니다.

⑥ 36은 90의 $\frac{2}{5}$ 입니다.

⑦ 40의 $\frac{7}{8}$ 은(는) 35입니다.

⑧ 40은 150의 $\frac{4}{15}$ 입니다.

⑨ 81의 $\frac{8}{9}$ 은(는) 72입니다.

⑩ 81은 99의 $\frac{9}{11}$ 입니다.

⑪ 100의 $\frac{24}{25}$ 은(는) 96입니다.

⑫ 100은 124의 $\frac{25}{31}$ 입니다.

92

1
2